JN091619

M5Atom(エム ファイブ)で作る 歩行ロボット

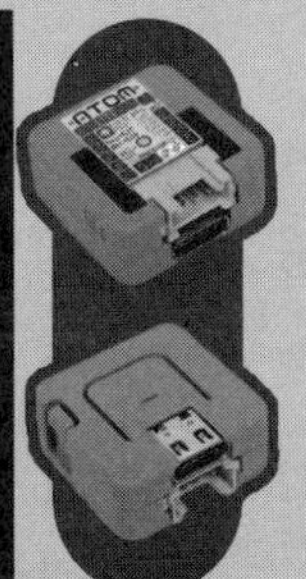

はじめに

「M5Stack」というオールインワンのパッケージが出現しました。

このデバイスは、「WiFi」や「Bluetooth」、「IMU」や「LCD」、そして「バッテリ」を搭載しており、それぞれを組み合わせるそれまでの苦労が、すっぱりなくなりました。

「M5Stackシリーズ」の中でも「M5Atom」は、「マトリックスLED」を搭載。

「バッテリ」が廃止されたものの多くの機能を踏襲し、かなり小型で安価となりました。

一方、「ホビーロボット」の構造部品は、「アルミ板」を加工して作るのが主流でしたが、最近は「3Dプリンタ」の普及で、強度は落ちるものの、自由な形で比較的すぐに、ある程度の精度で部品が作れるようになりました。

「ホビーロボット」の制作環境は、かなりハードルの低くなってきたと感じます。

*

ただ、ロボット制作にはまあまあな費用がかかります。

高トルクや高精度のサーボを使う場合、あっという間に十数万円に達します。

筆者の場合、それほど多くのコストをホビーロボットに割くことはできなかったので、以下の基本コンセプトでロボット製作を楽しんでいます。

---

(1) なるべく簡単に作る。	**(3) 極力自分で作る。**
(2) なるべくローコストに作る。	**(4) 「M5Atom」を使い倒す。**

趣味の世界でロボットを制作する限りでは、そのときに興味のあるものを作り、時間も制限されず、飽きれば途中で止めてもよし、思い出して再開してもよし。

将来それが何に役に立つかなんてどうでもよく、真似でもいい。

「ただただ面白そうだから作ってみる」ということで良いと思っています。

そんなコンセプトに共感して読んでいただければ幸いです。

*

本書では、各種分野のソフトウェア、開発言語、制作方法を紹介しますが、最善の方法とは言えないところも多々あり、なんとか動くレベルを目指しています。

動作環境も限られた範囲であり、すべての環境で正常に動作するかは分かりません。

もし間違いやもっと良い方法をご存知の方は、筆者まで連絡いただければ幸いです。

Robo Takao

M5Atom(エム ファイブ)で作る歩行ロボット

CONTENTS

コラム目次

ダウンロード

本書の「付録PDF」および「サンプル・プログラム」は、下記のページからダウンロードできます。

<工学社ホームページ>

http://www.kohgakusha.co.jp/

ダウンロードしたファイルを解凍するには、下記のパスワードを入力してください。

DRT6pkmnH

すべて「半角」で、「大文字」「小文字」を間違えないように入力してください。

<PDFコンテンツ内容>

ROSの使い方の解説。

「M5Atom」を使ったロボットを製作するレベルにおいて、便利だと思われる部分に絞って説明する。

<サンプル・プログラム内容>

歩行ロボットを動かすためのプログラム

第1章

「M5Atom」って何?

「歩行ロボット」は、複数の「アクチュエータ」を適切な位置に制御する必要があり、「アクチュエータ」を制御するマイコンが必要になります。

今回は「アクチュエータ」として「RCサーボ」を用い、回転角度を制御します。

1-1 「Arduino」の出現

以前は、マイコンとして、「PIC」や「ATMEGA」などが使われました。

しかしながら、サーボを制御するためのパルスを生成するには、マイコン特有の「タイマーカウンタ」などの知識が必要でした。

図1-1-1　Microchip社「PIC16F1827」

図1-1-2　Atmel社「ATMEGA328P」

そのような中、2003年に「**Arduino**」が登場します。

「Arduino」は一つのボードの上に「**ATMEGA328P**」を搭載し、USBシリアル変換機能と電源を有し、直接ジャンパーワイヤで結線できるコネクタをもっています。

プロトタイピングに適したデバイスであり、ホビーロボット開発の面から言うと「サーボ」を制御する標準ライブラリが準備されているため、初心者でも簡単に「サーボ」を制御できるという特徴があります。

Arduino公式サイト https://www.arduino.cc

図1-1-3　Arduno UNO

図1-1-4　Arduno Nano

1-2 「M5Stack」の登場

しかしながら、「Arduino」は、標準では「Wi-fi」や「Bluetooth」などの無線通信や、姿勢検出のためのIMUは搭載しないため、別途準備する必要があります。

その接続やプログラミングは、それなりに苦労することが多いと感じます。

そこで登場したのが、「**M5Stack**」です。

「M5Stack」は、マイコンとして「**ESP32**」を搭載しています。

「**ESP32**」は「Wi-FI」と「Bluetooth」を有しているので、無線通信も標準で使用可能です。

さらに、「IMU」や「LCD」、そして「バッテリ」など、さまざまな機能が備えられ、オールインワンで構成されています。

M5Stack公式サイト
https://m5stack.com

図1-2-1　M5Stack Grey

図1-2-2　M5StickC

1-3 いよいよ「M5Atom」登場

そして、さらに「M5Stack」を小型化した「M5StickC」や、機能が絞られた「M5Atom」が登場しました。

「M5Atom Matrix」は、“バッテリがない”、“LCDが「Matrix LED」に変更される”—など、簡略化される一方で、「Wi-Fi」や「Bluetooth」、そして「IMU」はそのまま踏襲しながら、かなりの小型化を達成して、安価となりました。

「ホビーロボット制作」には、もってこいのデバイスです。

図1-3-1 M5Atom Matrix

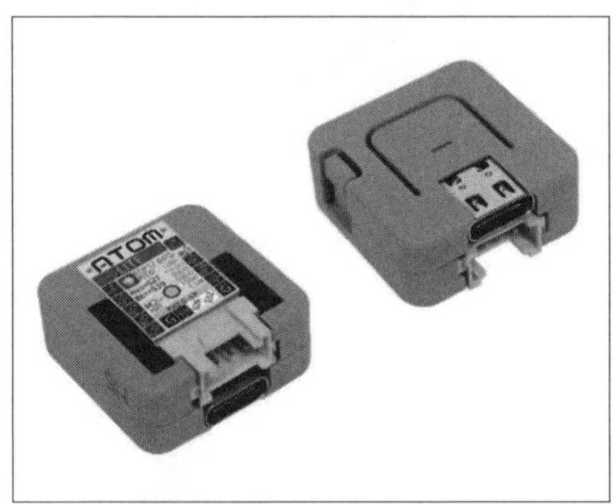

図1-3-2 M5Atom Lite

M5Stackシリーズと「Arduino」の主な比較(ロボットに関連するところをピックアップ)

	M5Atom Matrix	M5Atom Lite	M5StickC	N5Stack Grey	Arduino Uno
外 観					
搭載マイコン	ESP32-PICO 240MHz デュアルコア	ESP32-PICO 240MHz デュアルコア	ESP32-PICO 240MHz デュアルコア	ESP32-PICO 240 MHz デュアルコア	ATmega328P 16MHz
USB	Type-C	Type-C	Type-C	Type-C	Type-B
Wi-Fi	802.11 b/g/n	802.11 b/g/n	802.11 b/g/n	802.11 b/g/n	×
Bluetooth	Classic およびBLE	Classic およびBLE	Classic およびBLE	Classic およびBLE	×
表 示	25 × RGB Matrix LED	1 × RGB LED	80×160 カラーTFT	320 × 240 カラーTFT	1 LED
サーボ利用可能GPIO	6 (I2C利用時は4)	6 (I2C利用時は4)	4 (I2C利用時は4)	9 (I2C利用時は7)	12
Grove I/F	○	○	○	○	×
I2C	○	○	○	○	○
ボタン	1 リセット1	1 リセット1	2 リセット1	3 リセット1	×
IMU	MPU6886 6軸センサ	×	MPU6886 6軸センサ	MPU6886＋ BMM150 9軸センサ	×
入力電圧	5V	5V	5V	5V	7〜12V 動作電圧5V
サイズ	24×24×14 mm	24×24×10 mm	48×24×14mm	54×54×17mm	69×53mm
重 量	14 g	12 g	15 g	120 g	25 g
バッテリ	×	×	80 mAh	150 mAh	×
価 格※	¥1,991	¥1,287	¥2,398	¥5,874	¥3,300

※価格は2021.9.18時点、「M5Stack Grey」「M5Stick C」は(EOL対象)

「M5Stackシリーズ」は他にも多数の特徴あるモデルがあり、「AIカメラ」など、とても魅力的なシリーズです。

また、各種センサなどの「拡張モジュール」を純正で提供しているのも特徴で、これらは開発段階のものもSNSで紹介されるなど、ユーザー側を飽きさせません。

さらに、トラブルがあった場合に、Twitterでつぶやくとすぐに対応方法を教えてくれるなど、アクションが速いのも特徴です。

「M5Stack」のサーボの使い方は、「Arduino」ほど単純ではありませんが、難しくもありません。

※サーボの制御方法については、次章で説明します。

第2章 まずは「Lチカ」

本章では、「Arduino IDE」を使って「M5Atom」にプログラムを書き込む方法を解説します。

2-1 「Arduino IDE」のインストール

「M5Atom」にプログラムを書き込む手段は、いくつかあります。

■UIflow

「M5Stack」が提供するグラフィカルなユーザーインターフェイスは、プログラミング初心者でも扱いやすいものです。

ファームウェアを事前に書き込み、Wi-Fi経由でプログラムを書き込むことができます。

「UIflow」は、下記のURLでブラウザ版が利用できます。

https://flow.m5stack.com

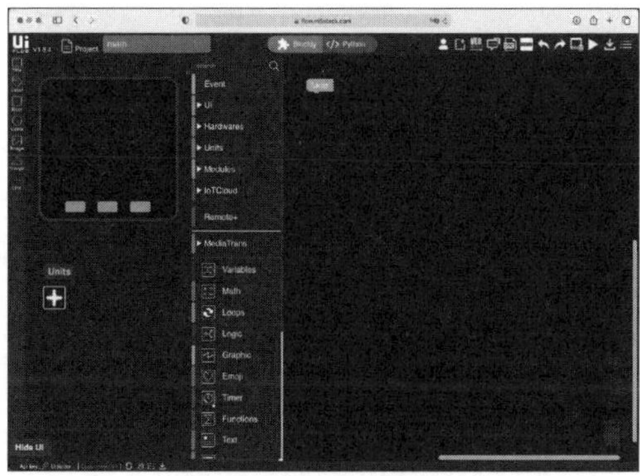

図2-1-1　Uiflow
(https://flow.m5stack.com)

■Platform I/O

さまざまなマイコンに対応した開発環境。「VSCode」の拡張機能でインストール可能です。

https://platformio.org

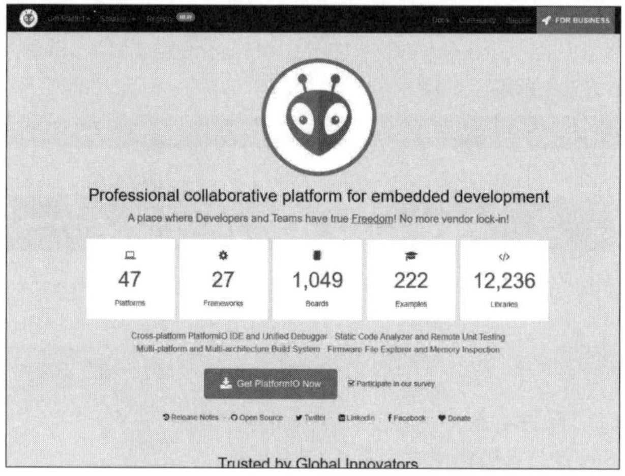

図2-1-2 「Platform I/O」のトップページ

■Arduino IDE

もともとは「Arduino」用の統合開発環境でした。

「Arduino」を使い慣れた人なら違和感なく利用できます。

筆者の場合、「Arduino」を使った経験があったため、「Arduino IDE」を主に使っています。

本章では「Arduino IDE」を使う手順を説明します。

＊

環境の設定方法は「M5Stack」の公式サイトで紹介されています。

本書では「M5Atom」に絞って説明します。

https://docs.m5stack.com/en/arduino/arduino_development

「Arduino IDE」は、以下の「Arduino公式サイト」で入手可能です。

https://www.arduino.cc/en/software

手 順 「Arduino IDE」のダウンロード

[1] 自分の使っているPC環境を選択してダウンロードします。

筆者の場合、「Mac版」をダウンロードします。

執筆時点では、バージョンは「1.8.16」です。

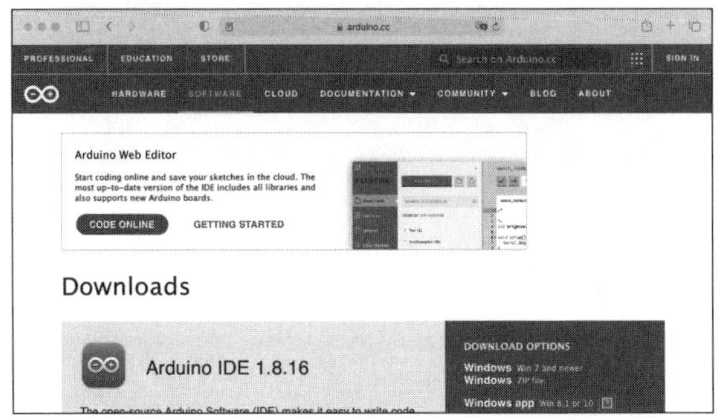

図2-1-3 自分の環境のバージョンをダウンロード

図2-1-4 寄付をしたい場合は、"CONTRIBUTE & DOWNLOAD"をクリック

以降、PCは以下の環境を想定して説明します。

PC	MacBook Pro 2019
OS	macOS Big Sur

[2] ダウンロードフォルダにダウンロードした「Arduino IDE」を、「アプリケーション・フォルダ」に移動します。

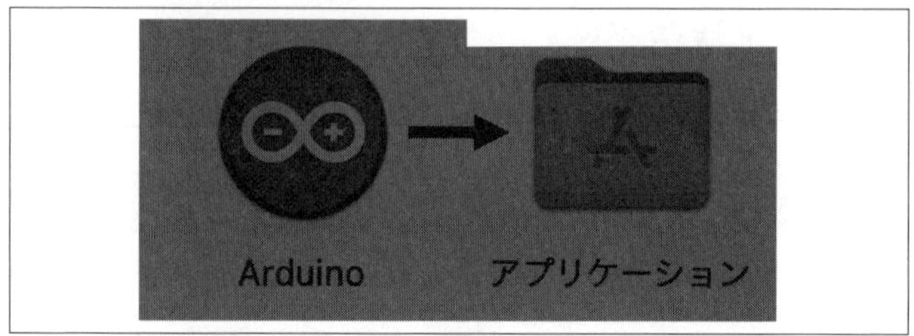

図2-1-5　「Arduino IDE」をフォルダに移動

2-2　「USBドライバ」のインストール

「M5Atom」の場合、基本的には「USBドライバ」はインストール不要のようですが、動作しない場合は、以下のURLから「FTDIドライバ」をインストールしてください。

https://ftdichip.com/drivers/vcp-drivers/

《備考》

「M5Stack」の場合は、以下からダウンロードしてインストールします。
https://docs.m5stack.com/en/arduino/arduino_development

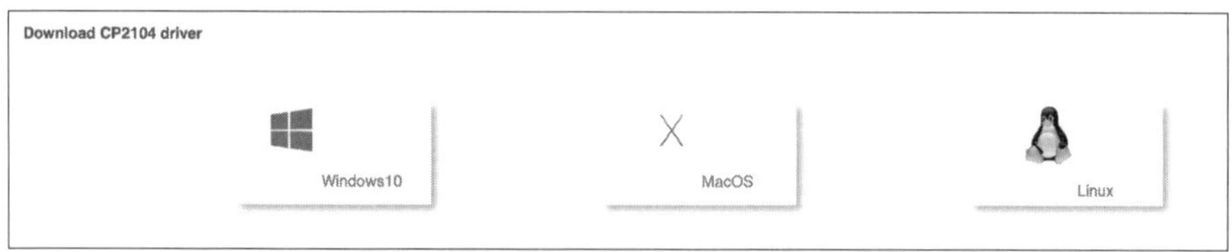

図2-2-1　使っているPCに対応したものを選択

2-3 「ボードマネージャ」の設定

「M5Atom」を選択できるように「ボードマネージャ」を設定します。

手 順 「ボードマネージャ」の設定

[1]「Preferences」を選択

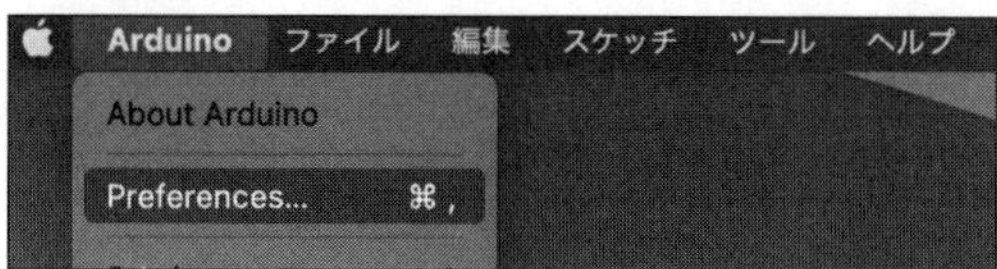

図2-3-1 Preferences

[2] 追加の「ボードマネージャ」のURLに、以下を追記

```
https://m5stack.oss-cn-shenzhen.aliyuncs.com/resource/arduino/package_m5stack_index.json
```

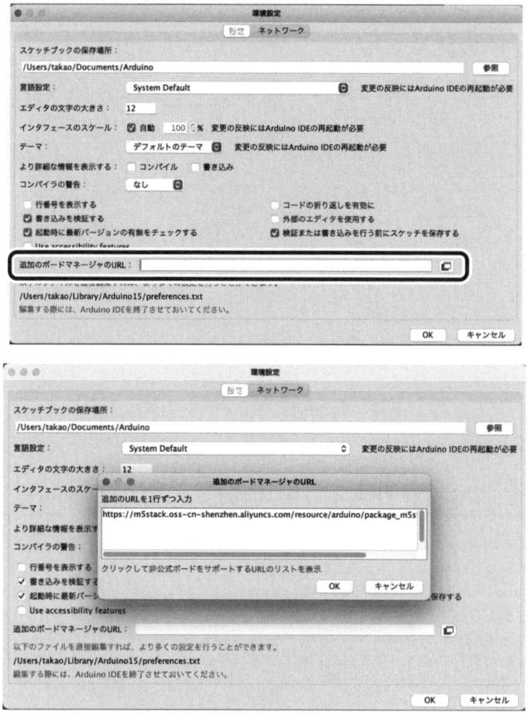

図2-3-2 追加の「ボードマネージャ」のURLに以下を追記

[3] ツール → ボードマネージャ

図2-3-3 "ボードマネージャ"を選択

[4]「M5Stack」をインストール

図2-3-4 「ボードマネージャ」で「M5Stack」をインストール

2-4 「ライブラリ」の追加

「M5Atom」と関連した「ライブラリ」を追加します。

手　順　「ライブラリ」の追加

[1] ツール → ライブラリを管理

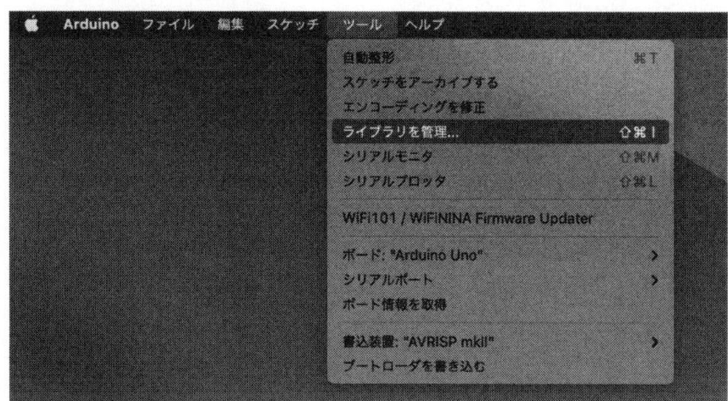

図2-4-1 “ライブラリを管理”を選択

[2]「M5Atom」を検索し、「M5Atom」をインストール

図2-4-2 「M5Atom」のライブラリ追加

[3] 関連する「ライブラリ」を同時にインストールするならば、"Install all"でインストール。

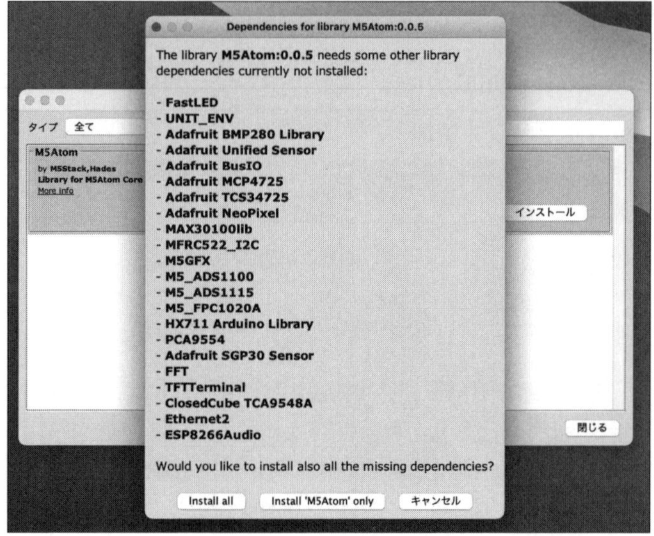

図2-4-3　関連ライブラリ追加

特に今回LEDを使用するので、「Fast LED」は入れておきたいです。
上記の「Install all」でインストールしなかった場合は、個別にインストール。

[4] ライブラリマネージャで"Fast LED"を検索し、「Fast LED」をインストール

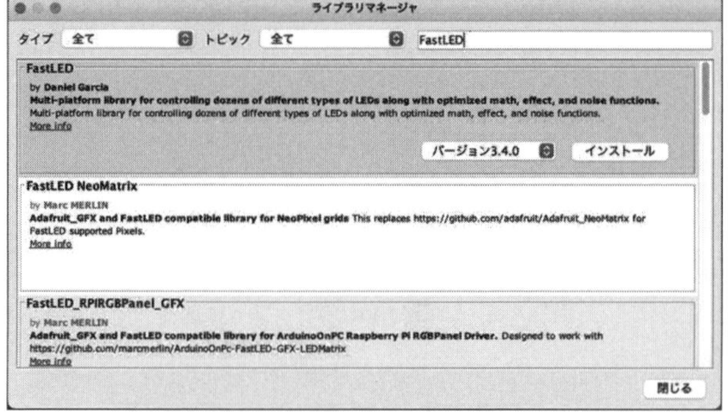

図2-4-4　「FastLED」ライブラリの追加

2-5 「Lチカ」スケッチの書き込みとテスト

「Arduino」の世界では、プログラムのスクリプトは「スケッチ」と呼ばれています。

今回は、お試しで、LEDを点灯させるスケッチを書き込んでみます。
いわゆる「Lチカ」です(「LEDをチカチカ」の意味)

■サンプル・スケッチ

ファイル → スケッチ例 → M5Atom → Basics → LED Set

■ボードの選択

ツール → ボード → M5Stack Arduino → M5Stack-ATOM

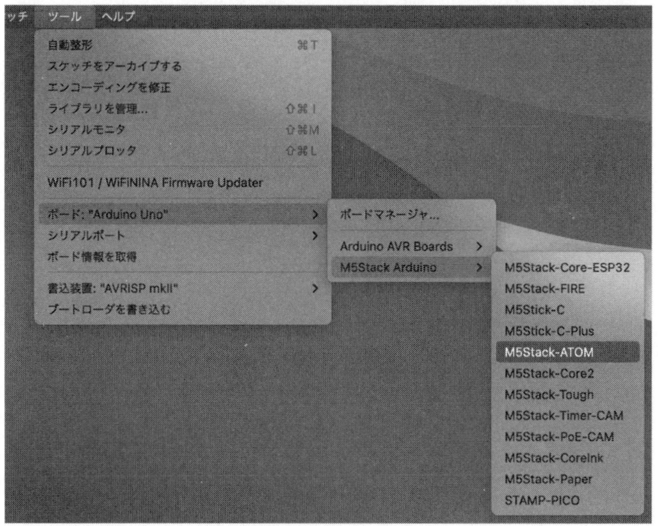

図2-5-1　ボードの選択

■「シリアルポート」の選択

「M5Atom」を「USB type C」ケーブルでPCと接続します。

ツール → シリアルポート → /dev/cu.usbserial-XXXXXXXXXX
(XXXはデバイスによって異なります)

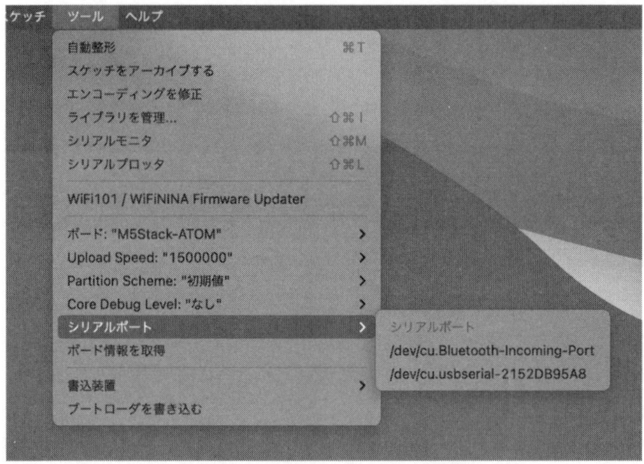

図2-5-2 「シリアルポート」の選択

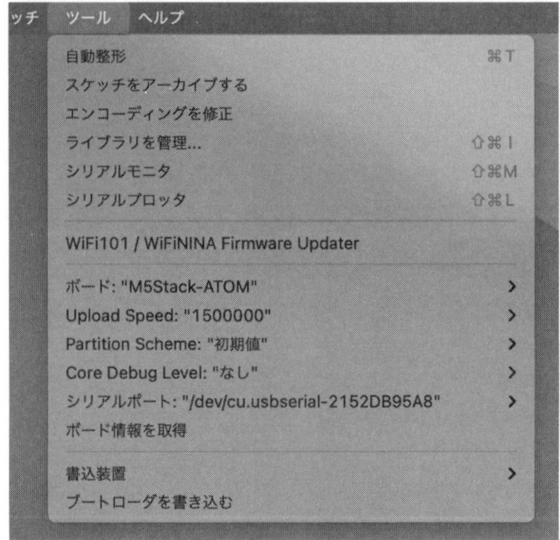

図2-5-3 選択後

■「スケッチ」のコンパイルと書き込み

手　順　「スケッチ」のコンパイルと書き込み

[1] 左上の“チェック”ボタンでコンパイルします。
問題なければ、「コンパイルが完了しました」と左下に出ます。

図2-5-4　「✓」を押してコンパイルする

[2] 次に“→”ボタンで「M5Atom」に書き込みます。
問題なければ、「ボードへの書き込みが完了しました。」と左下に出ます。

図2-5-5　“→”ボタンで「M5Atom」に書き込む

Column　エラーの対処方法

「macOS Big Sur」の場合、下記のようなエラーが発生する可能性があります。

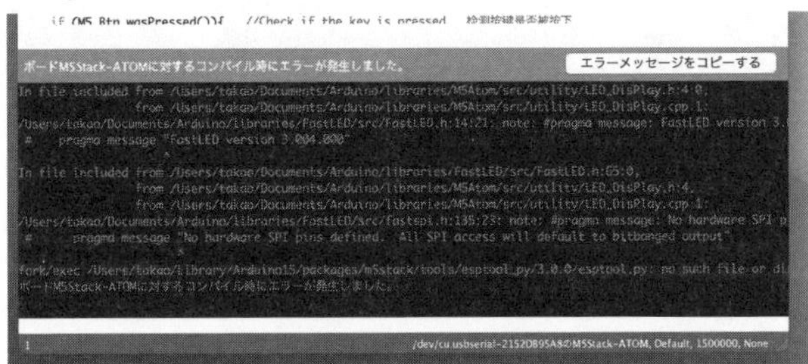

図2-5-6　「macOS Big Sur」のエラー画面

```
fork/exec /Users/takao/Library/Arduino15/packages/
m5stack/tools/esptool_py/3.0.0/esptool.py: no such
file or directory
```

以下に対処方法の例を示します。

＊

以下のファイルを編集します。

/Users/takao/Library/Arduino15/pakages/m5stack/hardware/esp32/1.0.9/platform.txt

７行目の最後"py"を消します。

```
tools.esptool_py.cmd=esptool.py
          ↓
tools.esptool_py.cmd=esptool
```

これでコンパイルが成功するかもしれません。
すべての環境で解消できるか不明ですが、筆者の環境では改善されました。

■動作確認

書き込みが完了すると、LEDが赤く点灯していると思います。
さらにボタンを押すごとに、色が変わっていきます。

図2-5-7　サンプル・スケッチ「LED Set」の動作確認ボタンを押すと、LEDの色が変化する

■備考

「ボードマネージャ」のバージョンによっては、コンパイル時にエラーが出ることがあります。

この場合、以下のライブラリ内にあるソースを変更すると、解消することがあります。

```
Arduino/libraries/M5Atom/src にある。M5Atom.cpp
Arduino/libraries/M5Atom/src/utility にある。MPU6886.cpp
Wire.begin(25, 21, 100000);   →   Wire.begin(25, 21, 100000U);
```

*

本章では、「M5Atom」のスケッチの基本的な書き込み方法を説明しました。

次章では、実際にロボットを作っていきたいと思います。

第3章

「4軸二足歩行ロボット」の製作

本章では、いよいよロボットを製作します。
と言っても、後の章の練習と考えてください。
練習なので、なるべく初心者でも製作できるように「安価な部品」「極力簡単な加工」「組み立て方法」を説明します。

3-1 概要

まずは「サーボ」4個を使って「二足歩行ロボット」を作ります。

＊

この章の最後では、スマートフォンなどで「BLE」を使って、無線通信でロボットをコントロールします。

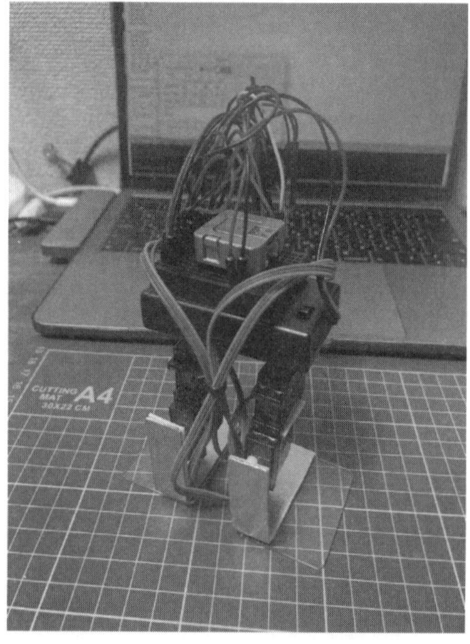

図3-1-1　完成した「4軸二足歩行ロボット」

■特徴

・M5Atom Lite
・サーボ FEETECH FS90×4
・4軸二足歩行ロボット
・両面テープなどを使って組み立て
・「Blynk」でスマートフォンからコントロール

3-2 必要部品、材料、道具

必要なものは、以下のようになっています。
比較的入手しやすいものを選びました。
道具以外は、合計4,000円程度で入手できると思います。

■必要部品

表3-2-1 必要部品

No.	部品名	個数	入手先	価格(参考)
1	M5Atom Lite	1	スイッチサイエンス	¥1,287
2	サーボ FEETECH FS90 [M-14806]	4	秋月電子通商	¥360
3	電池ボックス(スイッチ付) 単4 [P-03196]	1	秋月電子通商	¥120
4	電池(アルカリ)単4	3	100円ショップなど	¥110
5	ミニブレッドボード BB-601(黒)[P-05158]	1	秋月電子通商	¥150
6	ピンヘッダ 1×40 [C-00167]	1	秋月電子通商	¥35
7	ジャンパーワイヤ(オスーオス)[C-05159]	適量	秋月電子通商	¥220
8	束線バンド	3	100円ショップなど	¥110

スイッチサイエンス https://www.switch-science.com
秋月電子通商 https://akizukidenshi.com

■材料

表3-2-2 材料

No.	部品名	個数	入手先	価格(参考)
1	アルミ板 1mmまたは1.2mm	1	ホームセンターなど	数百円
2	アクリル板 1mm	1	ホームセンターなど	数百円
3	両面テープ 厚さ1mm 強力タイプ	1	100円ショップなど	¥110

■道具

・精密ドライバー
・ハンド・ニブラー
・万力
・Pカッター
・木材(アルミ板曲げ時の押さえ用)
・ホットボンド(あれば)

3-3 「サーボ」について

一般的な「DCモータ」は、ある電圧をかけると、ある回転スピードで回り続けるように動作します。

「サーボ」というモータは、マイコンからの「角度指令」に対して「一定の角度を保つ」ように動作します。

したがって、ロボットのような関節を、ある角度で保持したい場合に適したモータです。

＊

角度の指令は、マイコンからは0〜180°の角度で指定します。

実際には、角度に応じた時間幅のパルスをサーボに送信しています。

「サーボ」へ20msおきにパルスを入力します。

そのパルスの長さに応じてサーボが回転します。

PWM周期	20ms
PWM幅	500μs→0度
PWM幅	2500μs→180度

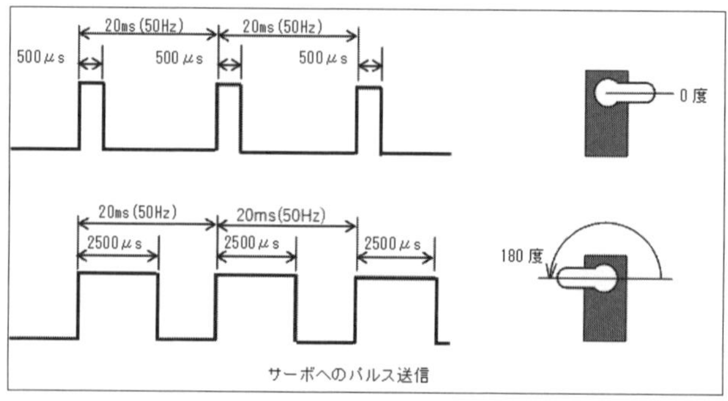

図3-3-1 「サーボ」へのパルス送信

3-4 ロボットの結線

結線図としては、下記のようになっています。
実際の接続はブレッドボード上に配置して、「ジャンパーワイヤ」で接続します。

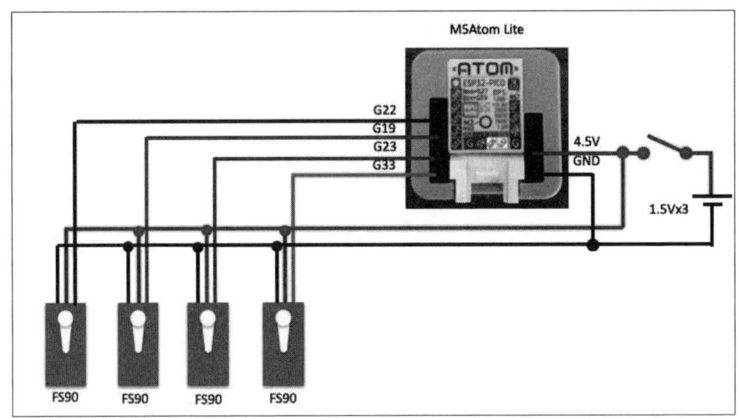

図3-4-1 結線図

■「ブレッドボード」での接続

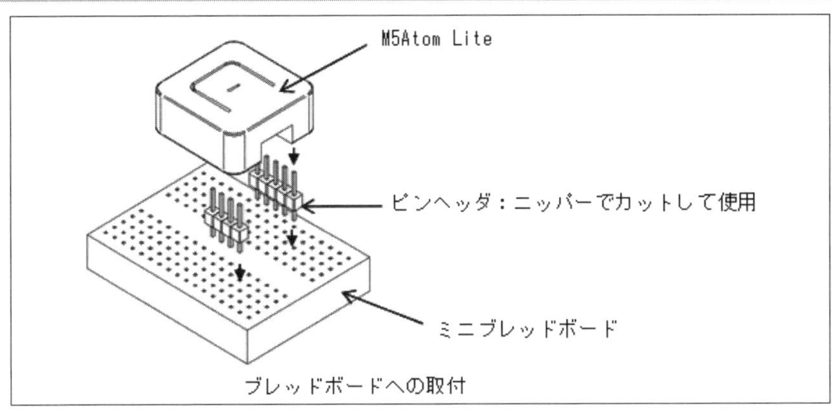

図3-4-2 「ブレッドボード」への取り付け

「ブレッドボード」にピンヘッダを刺し、「M5Atom Lite」を取り付けます。

＊

次に、「ジャンパーワイヤ」で接続します。

結線は間違いのないように、確認して進めます。

もし、信号ラインに電源のプラスを接続した場合、間違いなく「サーボ」が破損します。

また、電源のプラスとマイナス(GND)を短絡させないように気をつけましょう。

大きい電流が流れてワイヤが溶けたり、容量の大きいバッテリを使っている場合は、温度が上昇して、最悪の場合は火災になるかもしれません。

スイッチは接続を確認してから入れるようにしましょう。

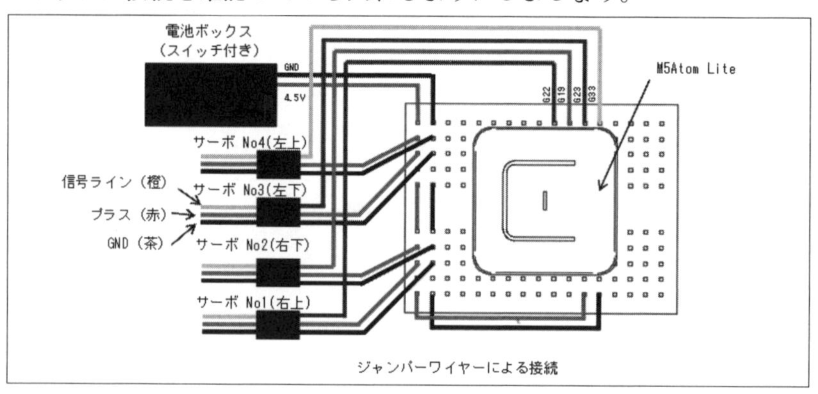

図3-4-3 「ジャンパーワイヤ」による接続

■「サーボ」のゼロ点設定

組み立てを始める前に、「サーボ」を原点にした状態にしておかなければなりません。

今回は90度の位置にします。

*

一般的には、ロボットを組み立てる際にはサーボ内部の誤差などで完全に90度にならないことが多いです。

その場合は、ソフトウェア上で調整する「トリミング」という作業をします。

ただし、今回は「両面テープ」で組み立てをする際に、手で調整することとします。

「トリミング」については**次章**で説明します。

*

原点出しのためのスケッチを説明するために、「サーボ」をスケッチの中でどのように制御するか、説明します。

「Arduino」の場合、「サーボ」は「標準ライブラリ」で制御できますが、「M5Stackシリーズ」の場合は使えません。

そこで、前述のパルスを発生させるコマンドとして、「ledc Write」を使います。

これは、本来はLEDをPWMで制御して段階的に明るさを変えたりするためのコマンドです。

手 順　「ledcWrite」を使ったパルスの発生

[1] まずはPWMの周波数を設定します。

今回の場合、20msなので50Hzとなります。

```
const double PWM_Hz = 50;        //PWM周波数
```

[2] PWMの分解能を設定します。

今回は16ビットとして、0～65535の分解能とします。

```
const uint8_t PWM_level = 16;      //PWM 16bit(0～65535)
```

[3] 最小パルス幅と最大パルス幅を設定します。

設定値は16ビットで示すので、以下のように計算します。

パルス幅設定値 = PWM周波数(Hz) x 2^16 (bit) x PWM時間(μs) / 10^6

今回は、それぞれ以下のようになります。

最小　サーボ角度0度　500μs　→ 1640
最大　サーボ角度180度　2500μs　→ 8190

```
int pulseMIN = 1640;     //0deg 500μsec 50Hz 16bit
int pulseMAX = 8190;     //180deg 2500μsec 50Hz 16bit
```

実際のコマンド部分は関数にしています。

```
int cont_min = 0;
int cont_max = 180;

void Srv_drive(int srv_CH,int SrvAng){
  SrvAng = map(SrvAng, cont_min, cont_max, pulseMIN, 
pulseMAX);
  ledcWrite(srv_CH, SrvAng);
}
```

「SrvAng」に角度データを入れると、「map関数」で、先ほどの「最小パルス値」と「最大パルス値」から16ビットの値に変換します。

変換後、「ledcWrite」にチャンネル番号とともにパルス値を入力しています。

＊

今回の場合、4つのサーボをすべて90度にするスケッチとします。

スケッチの全体は、以下です。

※サンプル・スケッチは、以下でダウンロードできます。
https://github/RoboTakao/M5Atom_walking_robo.git

スケッチ名　s3_4axis_Zero.ino

```
#include "M5Atom.h"

const uint8_t Srv0 = 22; //GPIO Right Leg
const uint8_t Srv1 = 19; //GPIO Right Foot
const uint8_t Srv2 = 23; //GPIO Left Foot
const uint8_t Srv3 = 33; //GPIO Left Leg

const uint8_t srv_CH0 = 0, srv_CH1 = 1, srv_CH2 = 2, srv_
CH3 = 3; //チャンネル
const double PWM_Hz = 50;   //PWM周波数
const uint8_t PWM_level = 16; //PWM 16bit(0～65535)

int pulseMIN = 1640;  //0deg 500μsec 50Hz 16bit : PWM周波数
(Hz) x 2^16(bit) x PWM時間(μs) / 10^6
int pulseMAX = 8190;  //180deg 2500μsec 50Hz 16bit : PWM周
波数(Hz) x 2^16(bit) x PWM時間(μs) / 10^6

int cont_min = 0;
```

```
int cont_max = 180;

int angZero[] = {90, 90, 90, 90};

void Srv_drive(int srv_CH,int SrvAng){
  SrvAng = map(SrvAng, cont_min, cont_max, pulseMIN,
pulseMAX);
  ledcWrite(srv_CH, SrvAng);
}
void setup() {
  M5.begin(true, false, true); //SerialEnable , I2CEnable ,
DisplayEnable

  pinMode(Srv0, OUTPUT);
  pinMode(Srv1, OUTPUT);
  pinMode(Srv2, OUTPUT);
  pinMode(Srv3, OUTPUT);

  //モータのPWMのチャンネル、周波数の設定
  ledcSetup(srv_CH0, PWM_Hz, PWM_level);
  ledcSetup(srv_CH1, PWM_Hz, PWM_level);
  ledcSetup(srv_CH2, PWM_Hz, PWM_level);
  ledcSetup(srv_CH3, PWM_Hz, PWM_level);

  //モータのピンとチャンネルの設定
  ledcAttachPin(Srv0, srv_CH0);
  ledcAttachPin(Srv1, srv_CH1);
  ledcAttachPin(Srv2, srv_CH2);
  ledcAttachPin(Srv3, srv_CH3);

  Srv_drive(srv_CH0, angZero[0]);
  Srv_drive(srv_CH1, angZero[1]);
  Srv_drive(srv_CH2, angZero[2]);
  Srv_drive(srv_CH3, angZero[3]);
}

void loop() {

}
```

*

スケッチを書き込み、サーボが動くことを確認してください。
この時点ではUSBからの給電でもサーボは動きます。

以下の部分を変えると、角度に応じた回転をします。

```
int angZero[] = {90, 90, 90, 90};
```

最終的には、すべて「90度」にしてください。この状態でサーボ・ホーンを取り付けます。

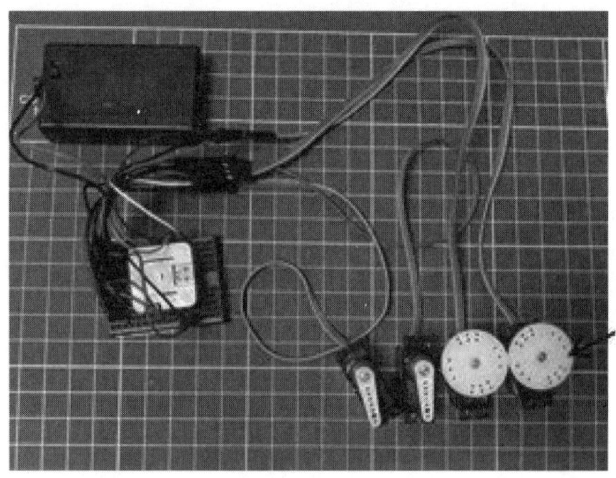

図3-4-4 原点設定するスケッチでサーボを動かした後に「サーボ・ホーン」を取り付ける

3-5 部品の加工

■脚用部品の作成

以下のような部品をアルミ板で作ります。

*

まずは、**図3-5-1**のような寸法で「アルミ板」をカットします。

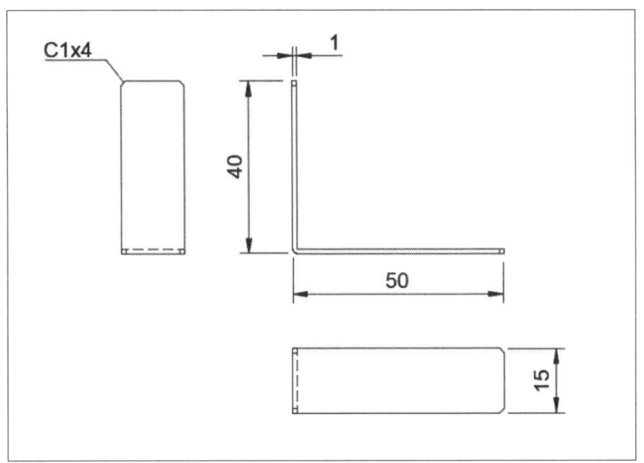

図3-5-1　脚部品の寸法

カットは、「ハンド・ニブラー」という工具で行ないます。

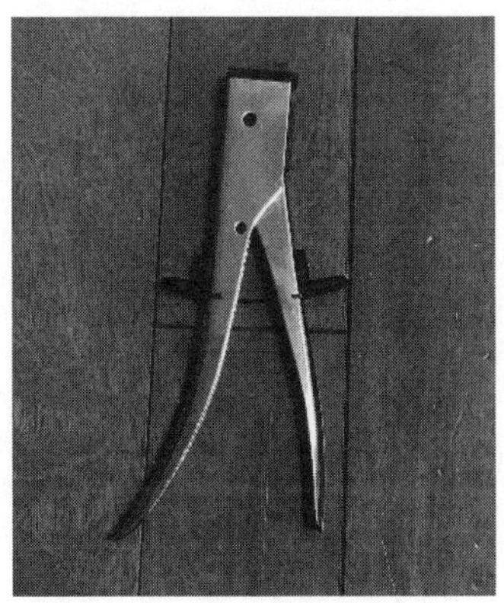

図3-5-2　ハンド・ニブラー

図3-5-3 「ハンド・ニブラー」によるアルミ板カット

アルミ板を挟んでグリップを握り、挟んだところをむしり取るようにカットします。

1.2mmの厚みのアルミ板の場合は、かなり力が必要です。

全部切り終えると手にマメができるほどですが、ここは頑張りどころです。

*

端はエッジになっているため、手を怪我しないように「面取り」しておきます。

数mmでOKです。

カットしたあと、曲げます。

寸法を合わせながら、万力に挟んで木材などを当てて、一気に曲げます。

図3-5-4 アルミ板を万力で挟み(左)、木材を当てて曲げる(右)

図3-5-5　曲げた部品。市販の金具(右)を利用してもいい

Column アルミ板をベースにしたロボットの作例

今回は2個だけですが、筆者は以前、全部品が「アルミ板」の「二足歩行ロボット」を作りました。

このときは、さすがに「ハンド・ニブラー」では手が痛くて大変なので、電動糸ノコでカットしました。

それ以外は、ほぼ同じ方法で部品を製作しました。

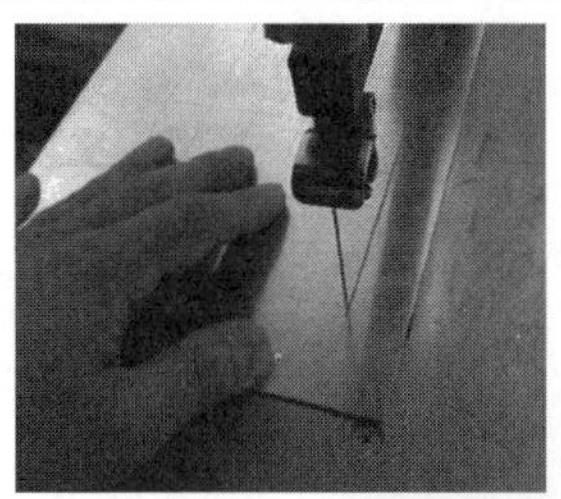

図3-5-6　電動糸鋸でのアルミ板カット(左上)、アルミ製ブラケット(右上)、ロボットの作例(下)

■脚先の部品作成

図3-5-7のような寸法で「アクリル板」をカットします。

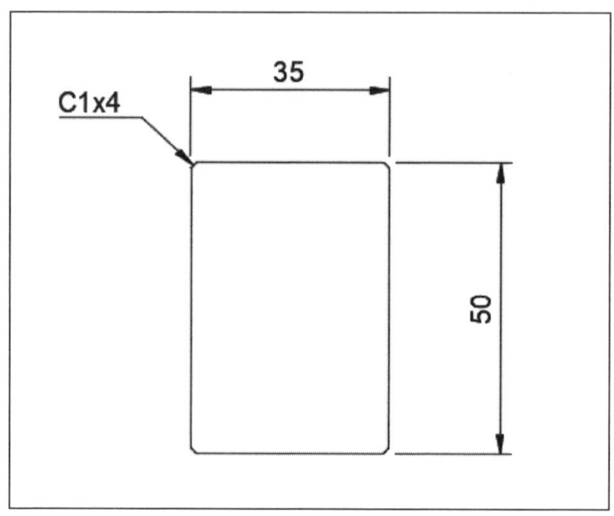

図3-5-7　脚先部品の寸法(厚さ1mm)

カットは「Pカッター」という工具で溝を彫った後、一気に"パキン"と割ります。端までしっかり溝を掘らないと、うまく割れないので気を付けてください。

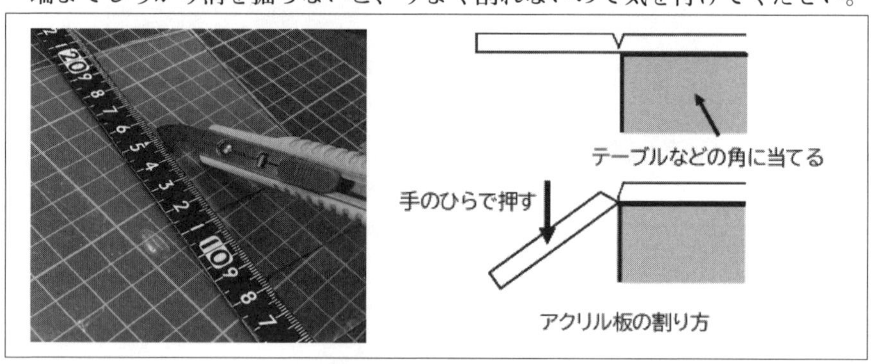

図3-5-8　溝を彫って割る

こちらも「ハンド・ニブラー」で「面取り」して、怪我しないようにしましょう。

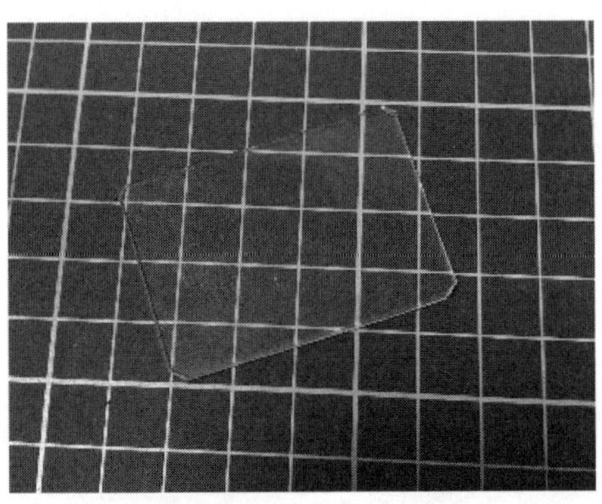

図3-5-9　カットした部品

3-6　組み立て

基本的に、「両面テープ」を使って固定していきます。

「両面テープ」は、厚さ1mm程度の厚みのあるもので、「強力タイプ」のものが必要です。

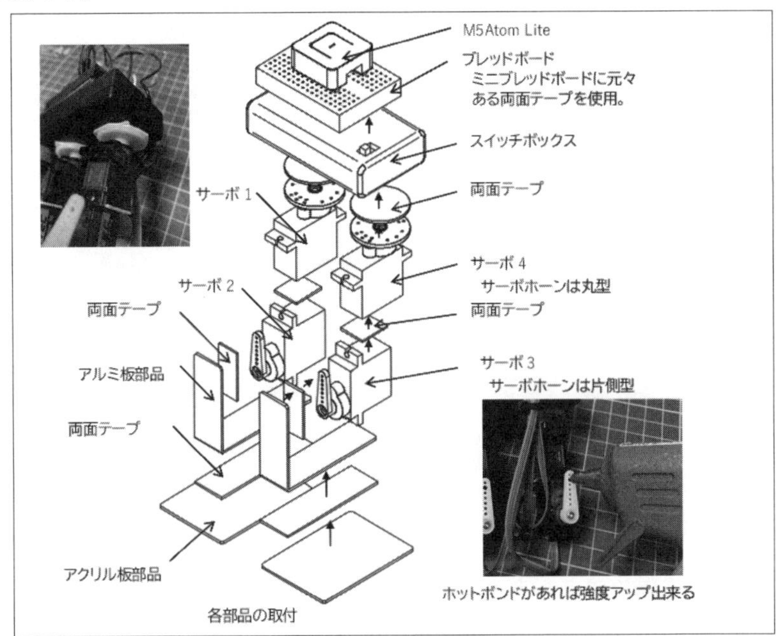

図3-6-1　組み立て図

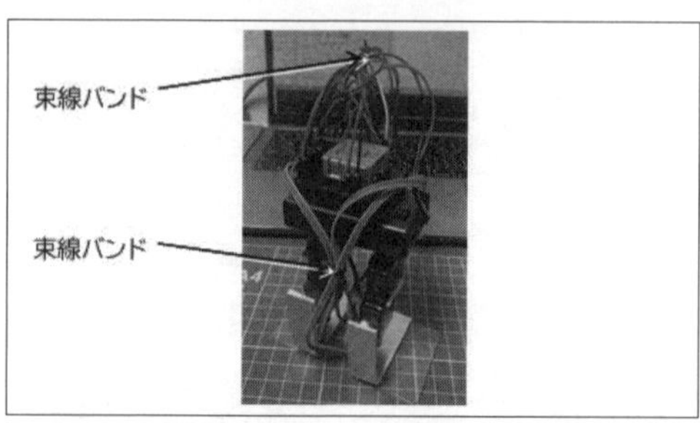

図3-6-2 「サーボ」の配線やジャンパーワイヤは側線バンドで束ねる

3-7 歩行モーション作成

ロボットが完成したので、「歩行」のモーションを作っていきます。

■前進モーション

まずは「前進」です。

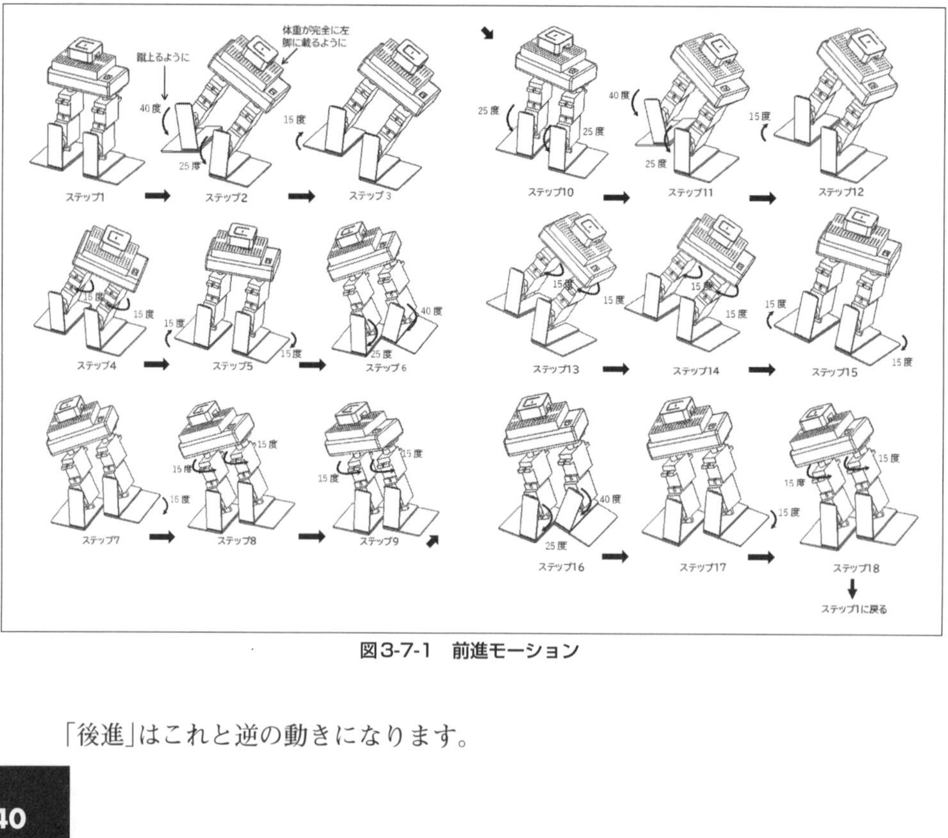

図3-7-1 前進モーション

「後進」はこれと逆の動きになります。

■「右ターン」のモーション

「左ターン」はこの逆の動きになります。

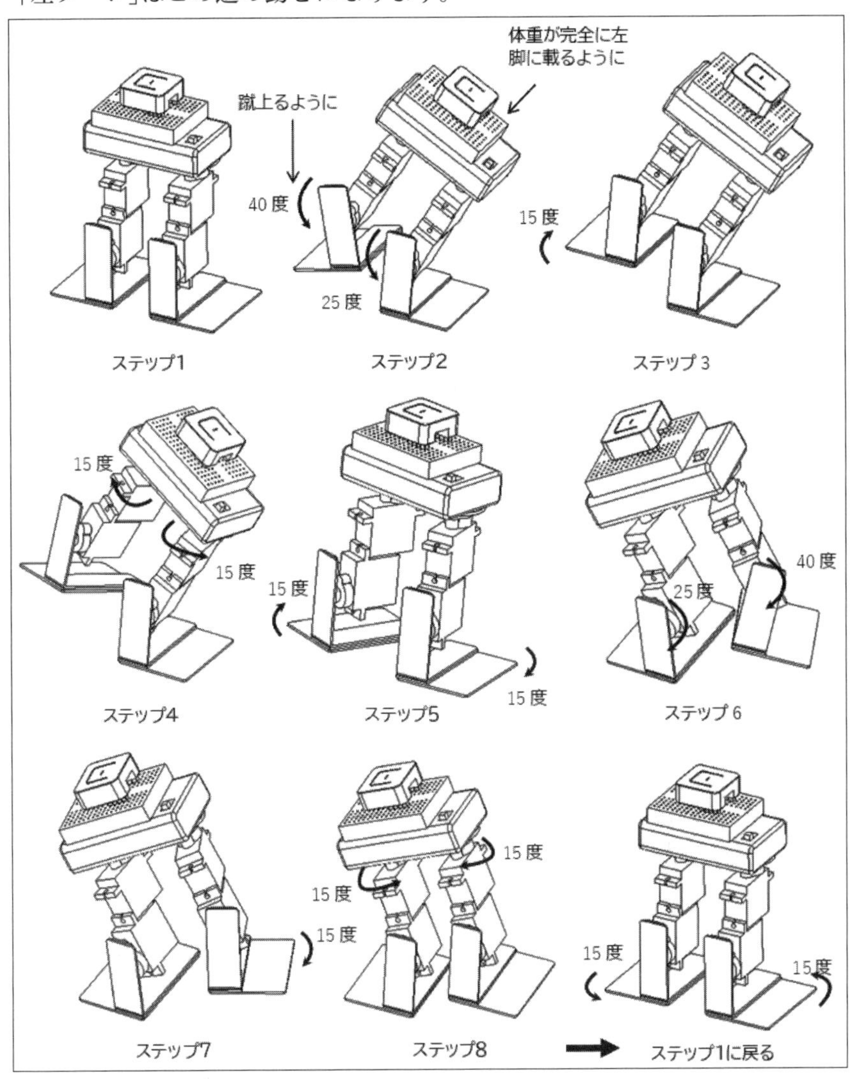

図3-7-2 「右ターン」のモーション

3-8 スケッチ

「歩行」のスケッチを書いていきます。
前回の「原点出し」したスケッチを拡張するイメージです。

＊

新しい部分を説明します。
ステップごとに「各サーボの回転角度」を「配列」で指定します。

前進の例

```
int f_s[19][4]={
  {0,0,0,0},                //ステップ1
  {0,40,25,0},              //ステップ2
  {0,25,25,0},              //ステップ2
  {15,25,25,15},            //ステップ3
  {15,0,0,15},              //ステップ4
  {15,-25,-40,15},          //ステップ5
  {15,-25,-25,15},          //ステップ6
  {0,-25,-25,0},            //ステップ7
  {-15,-25,-25,-15},        //ステップ8
  {-15,0,0,-15},            //ステップ9
  {-15,40,25,-15},          //ステップ10
  {-15,25,25,-15},          //ステップ11
  {0,25,25,0},              //ステップ12
  {15,25,25,15},            //ステップ13
  {15,0,0,15},              //ステップ14
  {15,-25,-40,15},          //ステップ15
  {15,-25,-25,15},          //ステップ16
  {0,-25,-25,0},            //ステップ17
  {0,0,0,0}};               //ステップ1に戻る
```

前進の配列に「原点」を足して、「サーボ指令関数」を読み出す関数

```
void forward_step()
{
  for (int i=0; i <=18 ; i++){
    for (int j=0; j <=3 ; j++){
      ang1[j] = angZero[j] + f_s[i][j];
    }
  servo_set();
  }
}
```

このままだと、ステップ間を移動するたびに一気に回転してしまうため、“カクカク”と動いてしまいます。

そのため、今回は「線形補完」することにします。

線形補完

```
float ts=150;          //150msごとに次のステップに移る
float td=10;           //10回で分割

void servo_set(){                        //線形補完してサーボに指令値を
送る関数
  int a[4],b[4];

  for (int j=0; j <=3 ; j++){
      a[j] = ang1[j] - ang0[j];
      b[j] = ang0[j];
      ang0[j] = ang1[j];
  }

  for (int k=0; k <=td ; k++){

      Srv_drive(srv_CH0, a[0]*float(k)/td+b[0]);
      Srv_drive(srv_CH1, a[1]*float(k)/td+b[1]);
      Srv_drive(srv_CH2, a[2]*float(k)/td+b[2]);
      Srv_drive(srv_CH3, a[3]*float(k)/td+b[3]);

      delay(ts/td);
  }
}
```

「スケッチ」の全体は、次のようになっています。

前進　スケッチ名　s3_4axis_fwd.ino

```
#include "M5Atom.h"

const uint8_t Srv0 = 22; //GPIO Right Leg
const uint8_t Srv1 = 19; //GPIO Right Foot
const uint8_t Srv2 = 23; //GPIO Left Foot
const uint8_t Srv3 = 33; //GPIO Left Leg

const uint8_t srv_CH0 = 0, srv_CH1 = 1, srv_CH2 = 2, srv_
```

```
CH3 = 3; //チャンネル
const double PWM_Hz = 50;   //PWM周波数
const uint8_t PWM_level = 16; //PWM 16bit(0～65535)

int pulseMIN = 1640;  //0deg 500μsec 50Hz 16bit : PWM周波数(Hz) x 2^16(bit) x PWM時間(μs) / 10^6
int pulseMAX = 8190;  //180deg 2500μsec 50Hz 16bit : PWM周波数(Hz) x 2^16(bit) x PWM時間(μs) / 10^6

int cont_min = 0;
int cont_max = 180;

int angZero[] = {90, 90, 95, 90};
int ang0[4];
int ang1[4];
float ts=150;  //150msごとに次のステップに移る
float td=10;   //10回で分割
// Forward Step
int f_s[19][4]={
  {0,0,0,0},
  {0,40,25,0},
  {0,25,25,0},
  {15,25,25,15},
  {15,0,0,15},
  {15,-25,-40,15},
  {15,-25,-25,15},
  {0,-25,-25,0},
  {-15,-25,-25,-15},
  {-15,0,0,-15},
  {-15,40,25,-15},
  {-15,25,25,-15},
  {0,25,25,0},
  {15,25,25,15},
  {15,0,0,15},
  {15,-25,-40,15},
  {15,-25,-25,15},
  {0,-25,-25,0},
  {0,0,0,0}};

void Initial_Value(){  //initial servo angle
  for (int j=0; j <=3 ; j++){
```

```
      ang0[j] = angZero[j];
  }
  for (int j=0; j <=3 ; j++){
      ang1[j] = angZero[j];
  }
  servo_set();
}

void Srv_drive(int srv_CH,int SrvAng){
  SrvAng = map(SrvAng, cont_min, cont_max, pulseMIN,
pulseMAX);
  ledcWrite(srv_CH, SrvAng);
}

void forward_step()
{
  for (int i=0; i <=18 ; i++){
    for (int j=0; j <=3 ; j++){
      ang1[j] = angZero[j] + f_s[i][j];
    }
  servo_set();
  }
}
void servo_set(){      //線形補完してサーボに指令値を送る関数
  int a[4],b[4];

  for (int j=0; j <=3 ; j++){
      a[j] = ang1[j] - ang0[j];
      b[j] = ang0[j];
      ang0[j] = ang1[j];
  }

  for (int k=0; k <=td ; k++){

      Srv_drive(srv_CH0, a[0]*float(k)/td+b[0]);
      Srv_drive(srv_CH1, a[1]*float(k)/td+b[1]);
      Srv_drive(srv_CH2, a[2]*float(k)/td+b[2]);
      Srv_drive(srv_CH3, a[3]*float(k)/td+b[3]);

      delay(ts/td);
  }
```

```
}

void setup() {
  M5.begin(true, false, true); //SerialEnable , I2CEnable ,
DisplayEnable

  pinMode(Srv0, OUTPUT);
  pinMode(Srv1, OUTPUT);
  pinMode(Srv2, OUTPUT);
  pinMode(Srv3, OUTPUT);

  //モータのPWMのチャンネル、周波数の設定
  ledcSetup(srv_CH0, PWM_Hz, PWM_level);
  ledcSetup(srv_CH1, PWM_Hz, PWM_level);
  ledcSetup(srv_CH2, PWM_Hz, PWM_level);
  ledcSetup(srv_CH3, PWM_Hz, PWM_level);

  //モータのピンとチャンネルの設定
  ledcAttachPin(Srv0, srv_CH0);
  ledcAttachPin(Srv1, srv_CH1);
  ledcAttachPin(Srv2, srv_CH2);
  ledcAttachPin(Srv3, srv_CH3);

  Initial_Value();
}

void loop() {
  forward_step();
  delay(500);
}
```

後進　スケッチ名(s3_4axis_back.in)(抜粋)

```
// Back Step
int b_s[19][6]={
  {0,0,0,0},
  {0,40,25,0},
  {0,25,25,0},
  {-15,25,25,-15},
  {-15,0,0,-15},
  {-15,-25,-40,-15},
  {-15,-25,-25,-15},
  {0,-25,-25,0},
  {15,-25,-25,15},
  {15,0,0,15},
  {15,40,25,15},
  {15,25,25,15},
  {0,25,25,0},
  {-15,25,25,-15},
  {-15,0,0,-15},
  {-15,-25,-40,-15},
  {-15,-25,-25,-15},
  {0,-25,-25,0},
  {0,0,0,0}};
```

右ターン　スケッチ名(s3_4axis_right.ino)(抜粋)

```
// Right Turn Step
int r_s[9][4]={
  {0,0,0,0},
  {0,40,25,0},
  {0,25,25,0},
  {15,25,25,-15},
  {15,0,0,-15},
  {15,-25,-40,-15},
  {15,-25,-25,-15},
  {0,-25,-25,0},
  {0,0,0,0}};
```

左ターン　スケッチ名(s3_4axis_left.ino)(抜粋)

```
// Left Turn Step
int l_s[9][4]={
  {0,0,0,0},
  {0,-25,-40,0},
  {0,-25,-25,0},
  {15,-25,-25,-15},
  {15,0,0,-15},
  {15,40,25,-15},
  {15,25,25,-15},
  {0,25,25,0},
  {0,0,0,0}};
```

3-9 動作確認

それぞれのスケッチを書き込みます。

組み立てのバラツキでうまく歩かない場合は、「原点角度」の調整や、各「ステップ」の角度を調整してみましょう。

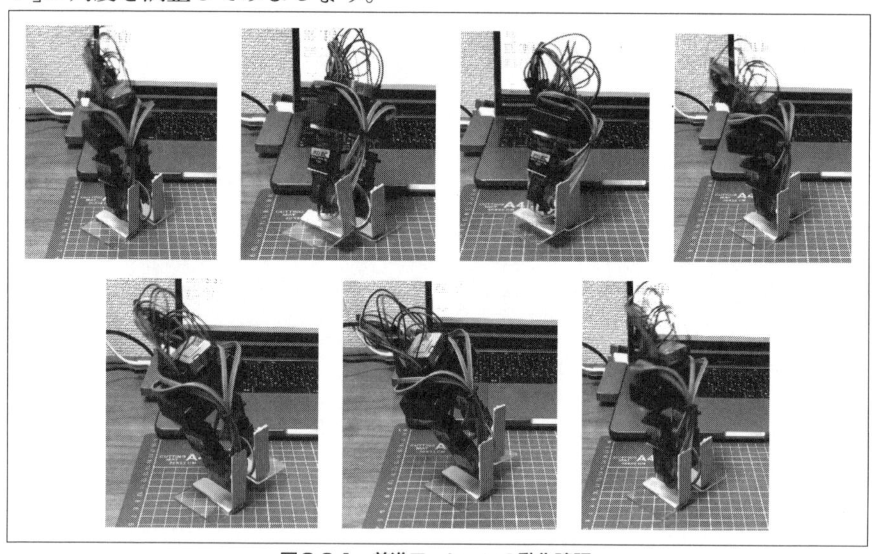

図3-9-1　前進モーションの動作確認

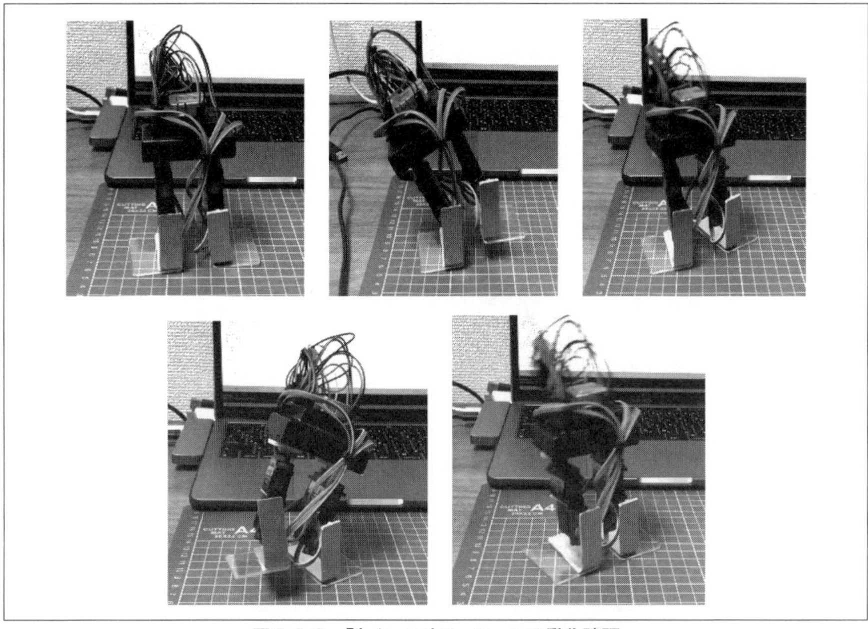

図3-9-2 「左ターン」モーションの動作確認

3-10 「Blynk」によるコントロール

「Blynk」とは、iOSやAndroid向けの「IoTアプリ」です。

このアプリを使うと、スマートフォンを「Wi-Fi」や「BLE」経由で「M5Atom」などのさまざまなデバイスと簡単に接続できます。

■「Blyn」kのライブラリをインストール

まずは、「Arduino IDE」で「Blynk」のライブラリをインストールします。

*

ツール → ライブラリの管理から「blynk」で検索します。
そして、「Blynk by Volodymyr Shymanskyy」をインストールします。

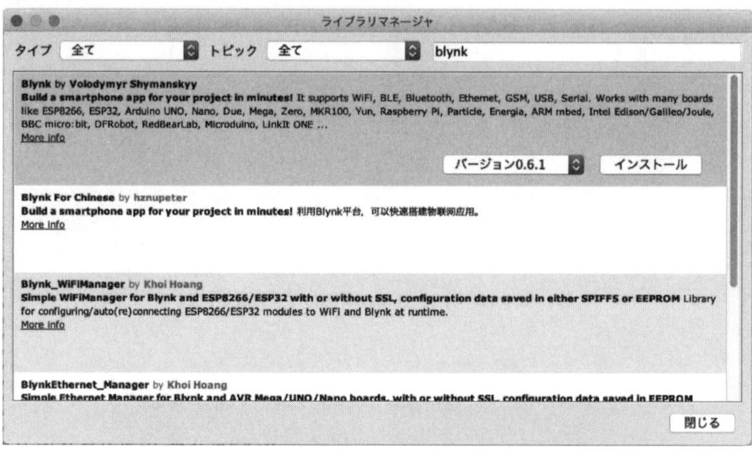

図3-10-1 「Blynk by Volodymyr Shymanskyy」をインストール

■「Blynk」のスケッチ

●ライブラリなどの読み込み

```
#define BLYNK_PRINT Serial
#define BLYNK_USE_DIRECT_CONNECT

#include "M5Atom.h"
#include <BlynkSimpleEsp32_BLE.h>
#include <BLEDevice.h>
#include <BLEServer.h>
```

●メールで送られてくる「Token」を書き込み

後述する、「Blynkアプリ」でプロジェクトを作った際に送られてくるメールに、「Token」が書かれているので、転記します。

```
char auth[] = "xxxxxxxxxxxxxxxxxxxx";         //メールで送られる
Auth Token
```

●ボタン(後述)が押されたときの処置

「Blynkアプリ」から送られてくるパラメータが「1」だったら、「direction」に「70」を入れる。

```
BLYNK_WRITE(V0) {     //ピン番号 V0
  int x = param.asInt();
  if(x == 1){
    direction = 70;  //forward step
    Serial.println("FWD");
  }
}
```

●セットアップ

```
void setup() {

  Blynk.setDeviceName("Blynk");     //BLEで接続する際の名前を設定
  Blynk.begin(auth);
```

●ループ関数

```
void loop() {
  Blynk.run();                         //Blynkの起動

  switch (direction) {
    case 70: // F FWD
      forward_step();
    break;
    case 66: // B Back
      back_step();
    break;
    case 76: // L LEFT
      left_step();
    break;
    case 82: // R Right
      right_step();
    break;
  }
}
```

Blankコントロール　スケッチ名　s3_4axis_Control_Blynk.ino

```
#define BLYNK_PRINT Serial
#define BLYNK_USE_DIRECT_CONNECT

#include "M5Atom.h"
#include <BlynkSimpleEsp32_BLE.h>
#include <BLEDevice.h>
#include <BLEServer.h>

char auth[] = "xxxxxxxxxxxxxxxxxxxxxxxx";  //メールで送られる
Auth Token

const uint8_t Srv0 = 22; //GPIO Right Leg
const uint8_t Srv1 = 19; //GPIO Right Foot
const uint8_t Srv2 = 23; //GPIO Left Foot
const uint8_t Srv3 = 33; //GPIO Left Leg

const uint8_t srv_CH0 = 0, srv_CH1 = 1, srv_CH2 = 2, srv_
CH3 = 3; //チャンネル
const double PWM_Hz = 50;   //PWM周波数
const uint8_t PWM_level = 16; //PWM 16bit(0～65535)

int pulseMIN = 1640;  //0deg 500μsec 50Hz 16bit : PWM周波数
(Hz) x 2^16(bit) x PWM時間(μs) / 10^6
int pulseMAX = 8190;  //180deg 2500μsec 50Hz 16bit : PWM周
波数(Hz) x 2^16(bit) x PWM時間(μs) / 10^6

int cont_min = 0;
int cont_max = 180;

int angZero[] = {90, 90, 90, 90};

int ang0[4];
int ang1[4];
int ang_b[4];
char ang_c[4];
float ts=150;  //150msごとに次のステップに移る
float td=10;   //10回で分割
```

```
// Forward Step
int f_s[19][4]={
  {0,0,0,0},
  {0,40,25,0},
  {0,25,25,0},
  {15,25,25,15},
  {15,0,0,15},
  {15,-25,-40,15},
  {15,-25,-25,15},
  {0,-25,-25,0},
  {-15,-25,-25,-15},
  {-15,0,0,-15},
  {-15,40,25,-15},
  {-15,25,25,-15},
  {0,25,25,0},
  {15,25,25,15},
  {15,0,0,15},
  {15,-25,-40,15},
  {15,-25,-25,15},
  {0,-25,-25,0},
  {0,0,0,0}};

// Back Step
int b_s[19][6]={
  {0,0,0,0},
  {0,40,25,0},
  {0,25,25,0},
  {-15,25,25,-15},
  {-15,0,0,-15},
  {-15,-25,-40,-15},
  {-15,-25,-25,-15},
  {0,-25,-25,0},
  {15,-25,-25,15},
  {15,0,0,15},
  {15,40,25,15},
  {15,25,25,15},
  {0,25,25,0},
  {-15,25,25,-15},
  {-15,0,0,-15},
  {-15,-25,-40,-15},
  {-15,-25,-25,-15},
```

```
  {0,-25,-25,0},
  {0,0,0,0}}
// Left Turn_Step
int l_s[9][4]={
  {0,0,0,0},
  {0,-25,-40,0},
  {0,-25,-25,0},
  {15,-25,-25,-15},
  {15,0,0,-15},
  {15,40,25,-15},
  {15,25,25,-15},
  {0,25,25,0},
  {0,0,0,0}};

// Right Turn Step
int r_s[9][4]={
  {0,0,0,0},
  {0,40,25,0},
  {0,25,25,0},
  {15,25,25,-15},
  {15,0,0,-15},
  {15,-25,-40,-15},
  {15,-25,-25,-15},
  {0,-25,-25,0},
  {0,0,0,0}};

int direction = 0;

void Initial_Value(){  //initial servo angle
  for (int j=0; j <=3 ; j++){
      ang0[j] = angZero[j];
  }
  for (int j=0; j <=3 ; j++){
      ang1[j] = angZero[j];
  }
  servo_set();
}

void Srv_drive(int srv_CH,int SrvAng){
  SrvAng = map(SrvAng, cont_min, cont_max, pulseMIN,
pulseMAX);
```

```
  ledcWrite(srv_CH, SrvAng);
}

void forward_step()
{
  for (int i=0; i <=18 ; i++){
    for (int j=0; j <=3 ; j++){
      ang1[j] = angZero[j] + f_s[i][j];
    }
  servo_set();
  }
  direction = 0;
}
void back_step()
{
  for (int i=0; i <=18 ; i++){
    for (int j=0; j <=3 ; j++){
      ang1[j] = angZero[j] + b_s[i][j];
    }
  servo_set();
  }
  direction = 0;
}

void right_step()
{
  for (int i=0; i <=8 ; i++){
    for (int j=0; j <=3 ; j++){
      ang1[j] = angZero[j] + r_s[i][j];
    }
  servo_set();
  }
  direction = 0;
}

void left_step()
{
  for (int i=0; i <=8 ; i++){
    for (int j=0; j <=3 ; j++){
      ang1[j] = angZero[j] + l_s[i][j];
    }
```

```
  servo_set();
  }
  direction = 0;
}

void servo_set(){      //線形補完してサーボに指令値を送る関数
  int a[4],b[4];

  for (int j=0; j <=3 ; j++){
      a[j] = ang1[j] - ang0[j];
      b[j] = ang0[j];
      ang0[j] = ang1[j];
  }

  for (int k=0; k <=td ; k++){
     Srv_drive(srv_CH0, a[0]*float(k)/td+b[0]);
      Srv_drive(srv_CH1, a[1]*float(k)/td+b[1]);
      Srv_drive(srv_CH2, a[2]*float(k)/td+b[2]);
      Srv_drive(srv_CH3, a[3]*float(k)/td+b[3]);
      delay(ts/td);
  }
}
BLYNK_WRITE(V0) {
  int x = param.asInt();
  if(x == 1){
    direction = 70;  //forward step
    Serial.println("FWD");
  }
}

BLYNK_WRITE(V1) {
  int x = param.asInt();
  if(x == 1){
    direction = 66;  //Back step
    Serial.println("BACK");
  }
}

BLYNK_WRITE(V2) {
  int x = param.asInt();
  if(x == 1){
```

```
    direction = 76;  //Left step
    Serial.println("LEFT STEP");
  }
}

BLYNK_WRITE(V3) {
  int x = param.asInt();
  if(x == 1){
    direction = 82;  //Right step
    Serial.println("RIGHT STEP");
  }
}

void setup() {
  M5.begin(true, false, true); //SerialEnable , I2CEnable ,
DisplayEnable

  Blynk.setDeviceName("Blynk");
  Blynk.begin(auth);

  pinMode(Srv0, OUTPUT);
  pinMode(Srv1, OUTPUT);
  pinMode(Srv2, OUTPUT);
  pinMode(Srv3, OUTPUT);

  //モータのPWMのチャンネル、周波数の設定
  ledcSetup(srv_CH0, PWM_Hz, PWM_level);
  ledcSetup(srv_CH1, PWM_Hz, PWM_level);
  ledcSetup(srv_CH2, PWM_Hz, PWM_level);
  ledcSetup(srv_CH3, PWM_Hz, PWM_level);
  //モータのピンとチャンネルの設定
  ledcAttachPin(Srv0, srv_CH0);
  ledcAttachPin(Srv1, srv_CH1);
  ledcAttachPin(Srv2, srv_CH2);
  ledcAttachPin(Srv3, srv_CH3);

  Initial_Value();

  M5.dis.drawpix(0, 0x000000);  //Dummy
  M5.dis.drawpix(0, 0x0000ff);  //blue 0x0000ff
}
```

```
void loop() {
  Blynk.run();
  if ( M5.Btn.wasReleased() ) {
    Initial_Value();
  }

  switch (direction) {
    case 70: // F FWD
      forward_step();
    break;
    case 66: // B Back
      back_step();
    break;
    case 76: // L LEFT
      left_step();
    break;
    case 82: // R Right
      right_step();
    break;
  }
}
```

■「Blynkアプリ」のインストール

「iPhone」なら、「Appストア」からインストールします。

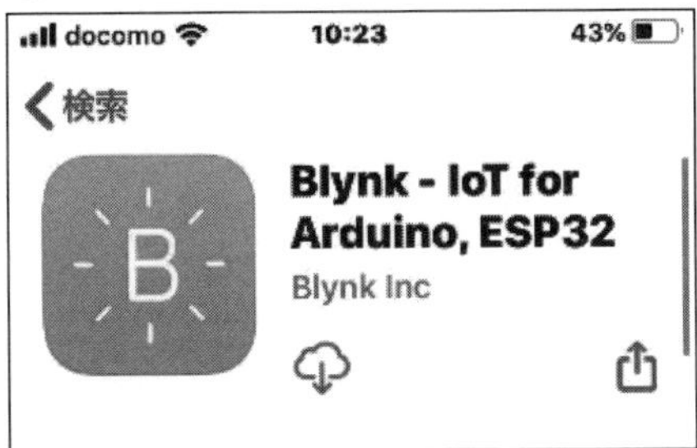

図3-10-2 スマホ iPhoneアプリをインストール

アプリを起動して、アカウントを作ります。

図3-10-3 アカウントを登録する

■コントローラの作成

●プロジェクトの作成

「New Project」で新しいプロジェクトを作ります。

クリエイトすると「Auth Token」がメールで送られてくるので、スケッチに書き込みます。

「CHOSE DEVICE」は「ESP32 Dev Board」を選択し、「CONNECTION TYPE」は「BLE」を選択します。

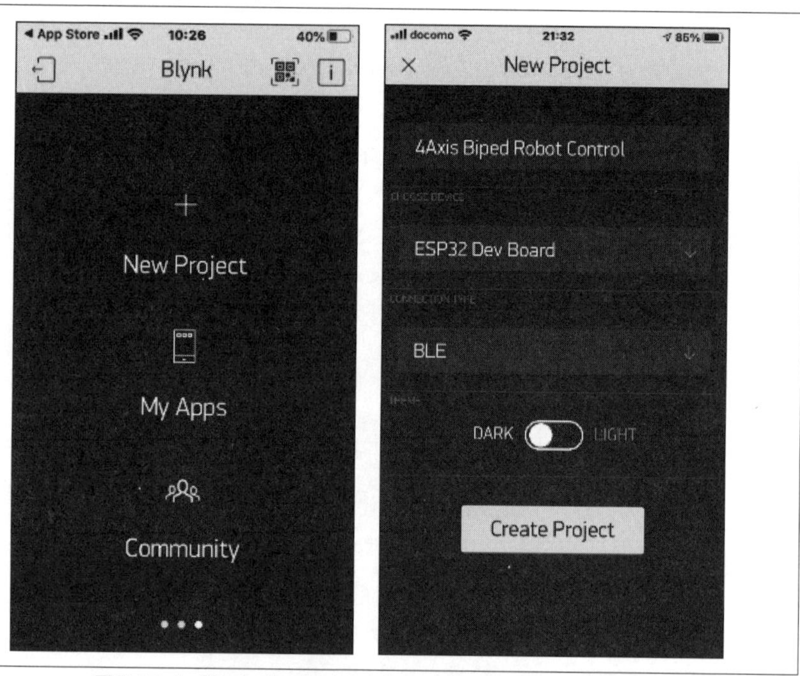

図3-10-4　新しいプロジェクトを作り、ボードと通信仕様を選択

●ボタンの作成

「空のプロジェクト」に「部品」を配置します。

何もない黒い部分をタップし、「部品」を選択します。
今回は「ボタン」です。

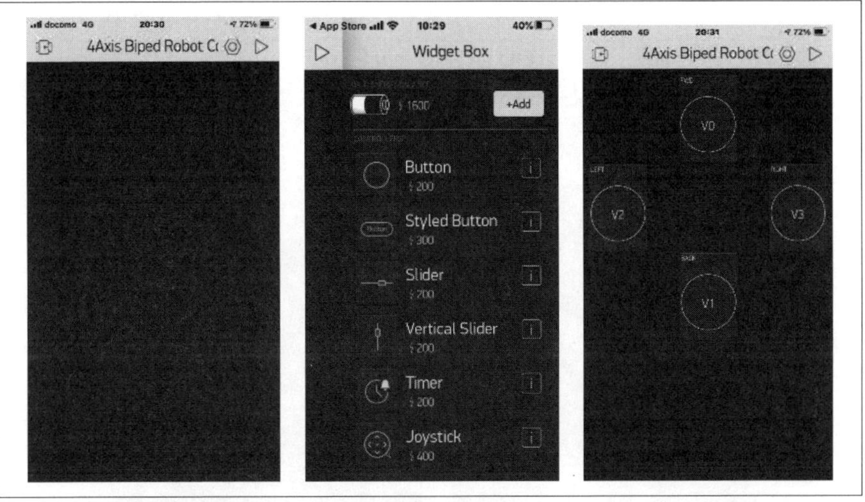

図3-10-5　何もない場所をタップして(左)、ボタンを選択すると(中央)、ボタンが配置される(右)

●ボタンの設定

ボタンをタップして以下を設定。

OUTPUT →　V0
MODE →　PUSH

これをロボットの進む方向の数、つまり「4個のボタン」を作ります。

前　OUTPUT → V0　　後　OUTPUT → V1
左　OUTPUT → V2　　右　OUTPUT → V3

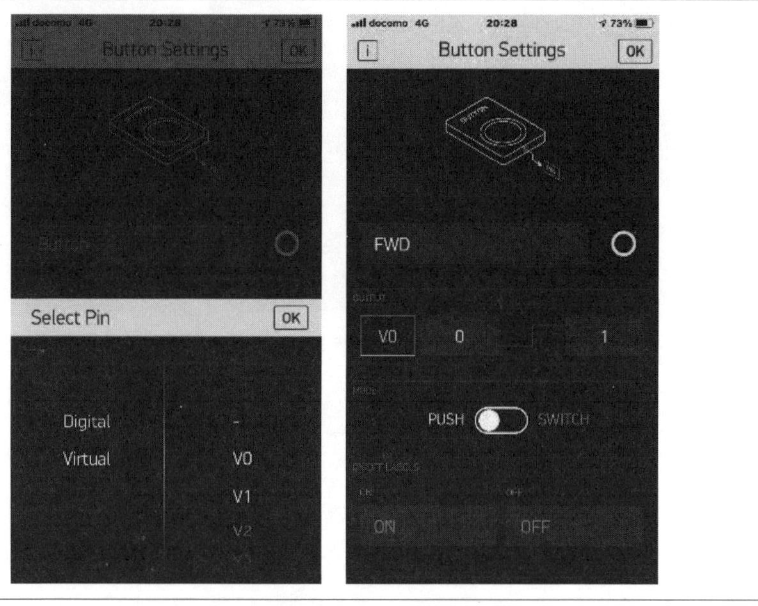

図3-10-6　ピンの設定(左)、ボタンの設定(右)

●「Bluetooth」を配置

何もない黒い部分をタップし、「部品」を選択します。
今回選択するのは、「BLE」(beta)です。

＊

配置された「Bluetoothのアイコン」をタップして設定します。
設定は、スケッチを書き込んだ「M5Atom」を起動させた状態で行ないます。

「Connect BLE Device」をタップ。スケッチに書き込んだ「デバイス名」を選びます。

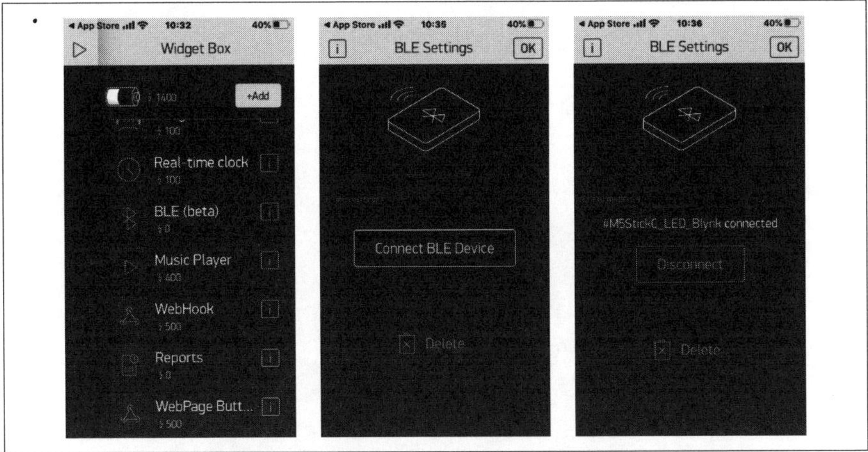

図3-10-7 「BLE」(beta)を配置し(左)、M5Atomに接続(中央)。接続成功(左)

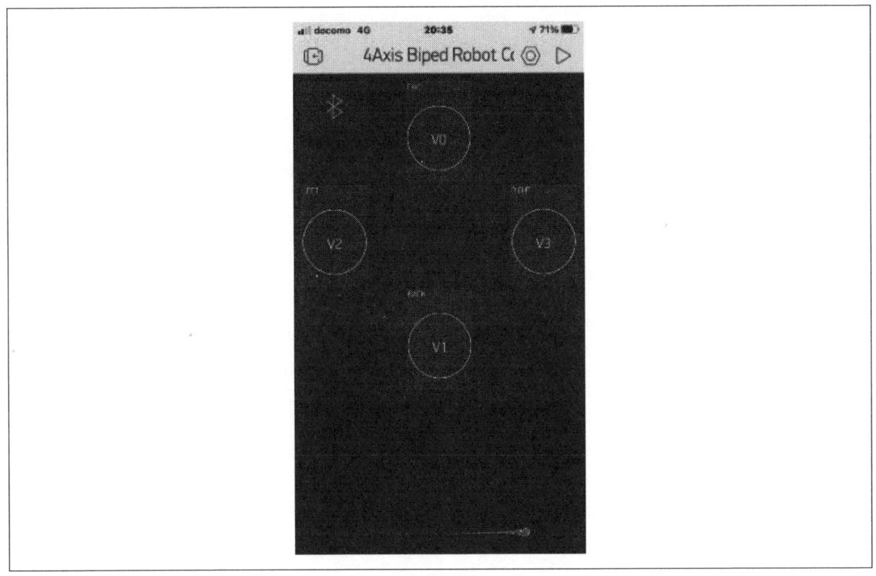

図3-10-8 完成したコントローラ

■プロジェクトの起動

右上の「再生ボタン」を押して「プロジェクト」を起動します。

＊

これで「スマートフォン」からロボットをコントロールできるようになりました。

それぞれの「ボタン」を押して、ロボットが正しく動くか、確認してください。

図3-10-9 「Blynk」で実際のロボットをコントロール

以下から動画を見ることができます。

M5Atom Liteで作るシンプル４軸二足歩行ロボットBlynkでコントロール
https://youtu.be/99vrdl1AVy0

第4章

「6軸二足歩行ロボット」の製作

第3章では4軸の二足歩行ロボットを簡単な方法で作り、動かしてみました。

本章ではこれを拡張しつつ、「3Dプリンタ」で作った部品を用いて、よりロボットらしいロボットを作ります。

4-1 特徴

・6軸二足歩行ロボット(うち2軸は手の動作)
・M5Atom Matrixを使用
・Matrix LEDで顔を表現
・3Dプリンタで印刷した部品
・Blynkでコントロール

図4-1-1　6軸二足歩行ロボット

4-2 必要部品、材料、道具

表4-2-1 必要部品

No.	部品名	個数	入手先	単価（参考）
1	M5Atom Matrix	1	スイッチサイエンス	¥1,991
2	サーボ FEETECH FS90 [M-14806]	6	秋月電子通商	¥360
3	電池ボックス単5x2個用 [P-12968]	1	秋月電子通商	¥60
4	電池ボックス単5x1個用 [P-12965]	1	秋月電子通商	¥50
5	電池(アルカリ)単5	3	100円ショップなど	¥110
6	スライドスイッチ SS-12F15G6 [P-15708]	1	秋月電子通商	¥30
7	両面スルーホールユニバーサル基板 [P-12978]	1	秋月電子通商	¥35
8	ピンヘッダ 1×40 [C-00167]	1	秋月電子通商	¥35
9	XHコネクタ ベース付ポストトップ型 2P B2B-XH-A [C-12247]	1	秋月電子通商	¥10
10	XHコネクタ ハウジング 2P XHP-2 (C-12255]	1	秋月電子通商	¥5
11	XHコネクタ ハウジング用コンタクトSXH-001T-P0.6(10個入)[c-12264]	1	秋月電子通商	¥30
12	インサートナットM2 L3	2	ヒロスギネット	¥30
13	M2 L6 スクリュー	2	ヒロスギネット	¥10
14	M2 L5 スクリュー	10	ヒロスギネット	¥10
15	M2 L6 タッピングスクリュー	22	ヒロスギネット	¥16
16	M2 L8 タッピングスクリュー	6	ヒロスギネット	¥16
17	M2 ナット	10	ヒロスギネット	¥10
18	M2 L10 タッピングスクリュー皿	6	ウィルコ	¥33

スイッチサイエンス　https://www.switch-science.com
秋月電子通商 https://akizukidenshi.com
ヒロスギネット https://www.hirosugi-net.co.jp
ウィルコ　https://wilco.jp

表4-2-2　3Dプリント部品

No.	部品名	個　数	材　質	重量
1	フレーム1	1	PLA	2g
2	フレーム2	3	PLA	0.3g
3	フレーム3	1	PLA	5g
4	フレーム4	1	PLA	3g
5	脚(右)	1	PLA	7g
6	脚(左)	1	PLA	7g
7	足先(右)	1	PLA	11g
8	足先(左)	1	PLA	11g
9	アーム右	1	PLA	9g
10	アーム左	1	PLA	9g
11	前面カバー	1	PLA	7g
12	中間カバー	1	PLA	5g
13	後面カバー	1	PLA	10g

表4-2-3　材料

No.	部品名	個　数	入手先	価格(参考)
1	ワイヤ	1	秋月電子通商	数百円
2	真鍮パイプ外径φ3	1	ホームセンターなど	約500円

工具

・3Dプリンタ(筆者所有は「XYZプリンティング ダヴィンチjr1.0w」)
・はんだコテ
・ワイヤースプリッタ
・ニッパ
・圧着工具

4-3　「Fusion360」による部品設計

最近では、無料で使用できる「3D-CAD」がだいぶ増えました。

バランスの取れた3D-CADとしては、「Fusion360」がオススメです。

趣味のユーザーでも無料で使用でき、学生でもないアマチュアの“ロボ・ビルダー”にはもってこいです。

インストールも簡単で、Googleで「Autodesk Fusion360」を検索すれば、すぐに「体験版」のダウンロードサイトを見つけることができるはずです。

メールアドレスなどを登録してアカウント作成が必要です。

「Fusion360」はクラウドを使ってデータを保存していくので、後々にもこのアカウントは使うことになります。

公式サイト
https://www.autodesk.co.jp/products/fusion-360/overview

実際のインストールと操作方法についてはネット情報や書籍で詳しく紹介されているものがたくさんあるので、本書では割愛します。

■「サーボ」のモデリング

「サーボ」と「サーボ・ホーン」をモデリングしてみます。

まずは、「サーボ」を「ノギス」で採寸しておきます。
ネットで図面のある「サーボ」もありますが、実物を測ったほうが確実です。

図4-3-1 「ノギス」で採寸

次に、実際のモデリングです。
まずは「サーボ」。

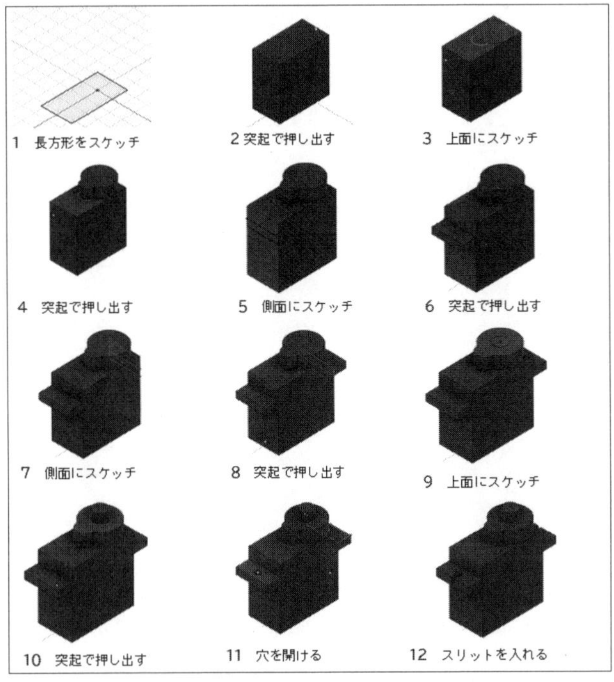

図4-3-2 「サーボ」のモデリング

次に「サーボ・ホーン」。

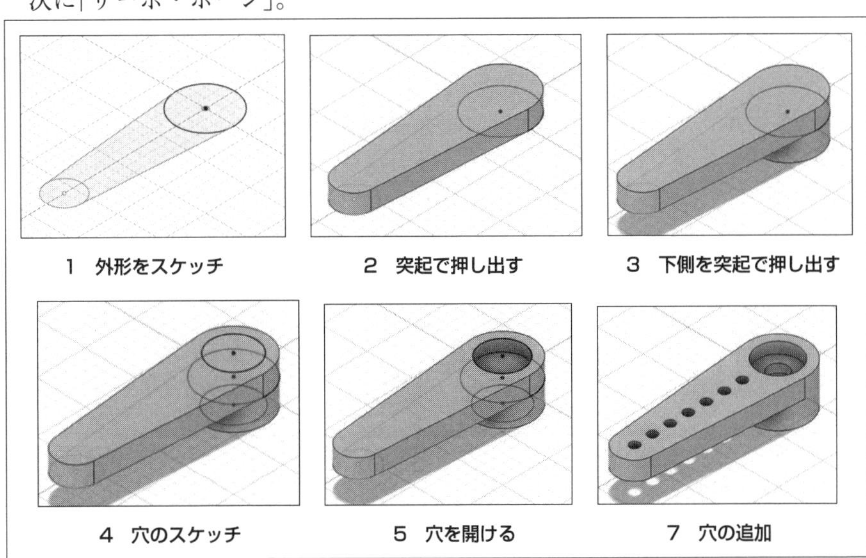

図4-3-3 「サーボ・ホーン」のモデリング

■アッセンブリ

個々の部品がモデリングできるようになったら、「アッセンブリ」してみます。

今回は作っておいた「サーボ」のモデルに、「サーボ・ホーン」を取り付けます。

手順 「サーボ」のモデルに「サーボ・ホーン」のモデルを取り付ける

[1] 空のファイルを作り、サーボを選択して「現在のデザインに挿入」で挿入する。

図4-3-4 空のファイルの作成(上)、サーボを選択(中)、挿入(下)

[2] 同様に、「サーボ・ホーン」も挿入する。

「サーボ」と重なって配置された場合は、矢印をドラッグして移動する。

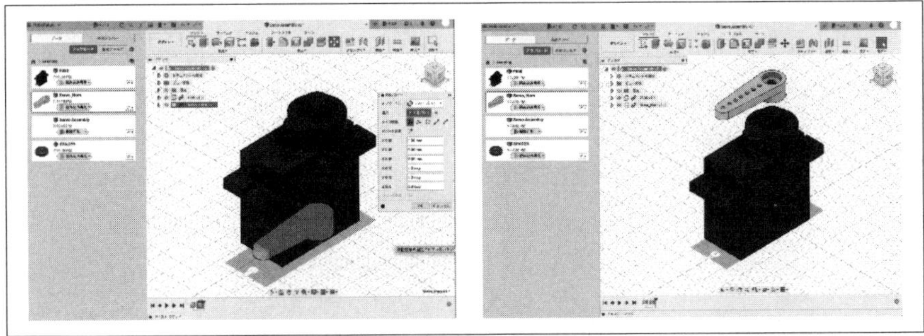

図4-3-5　重なったらドラッグで移動

[3] アッセンブリ → ジョイント

取り付けたい側の「サーボ・ホーン」の取り付け面の中心を選択。

面の付近にカーソルを動かしながら、「コマンド・キー」を押すと中心を選択できます。

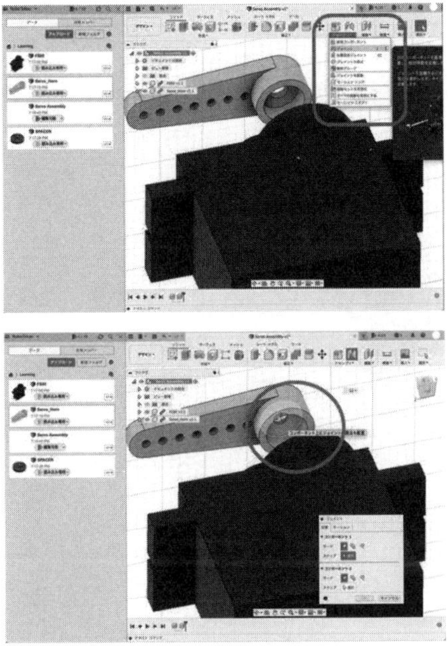

図4-3-6　「サーボ・ホーン」の取り付け面の中心を選択

[4]次に、相手側の「サーボ」の取り付け面の中心を選択。

同様に、面の付近にカーソルを動かしながら「コマンド・キー」を押すと、中心を選択できます。

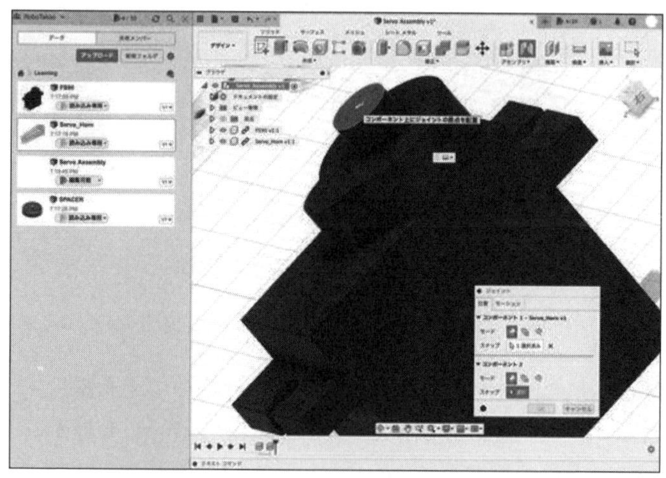

図4-3-7 「サーボ」の取り付け面の中心を選択

角度を指定すると、「サーボ・ホーン」の角度を自由に変えることができます。

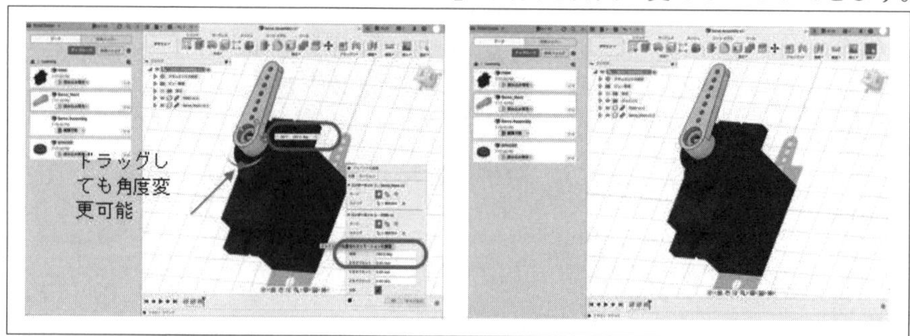

図4-3-8 「サーボ・ホーン」の角度は自由に変更可能

4-4 ロボットをモデリングする

最終的な完成モデルはこのような感じです。

「M5Atom」や「電池ボックス」「スクリュー」などは、現物を採寸してモデリングしておきましょう。

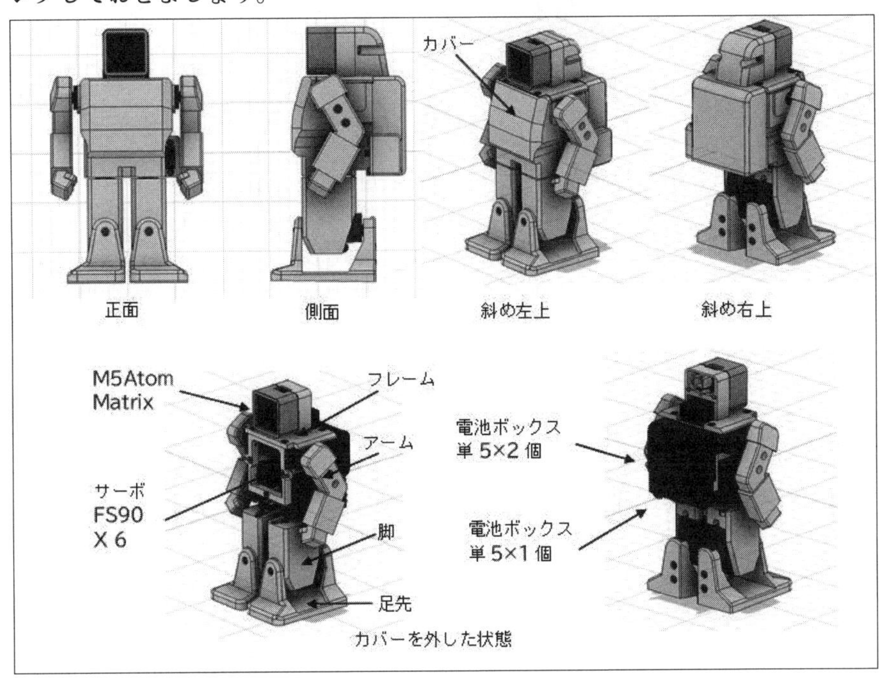

図4-4-1 ロボットの完成モデル

■フレームをモデリング

まずは、フレームをモデリングします。

3種類のフレームで構成して、スクリューで組み付けます。

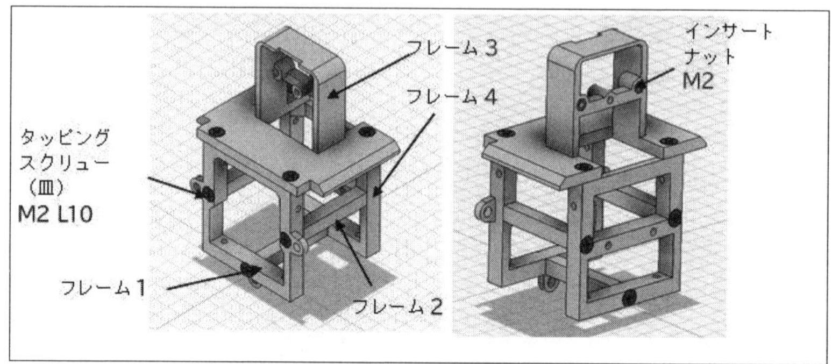

図4-4-2 組み立て状態のフレーム

●ネジの種類

ここで、今回使う「スクリュー」を説明します。

一般的な「スクリュー」は、ナットなどで締め付けられる物を挟みますが、樹脂同士の締結は先端の尖った「タッピングスクリュー」を使います。

着脱頻度の高いものには、「インサートナット」と一般のスクリューを使います。

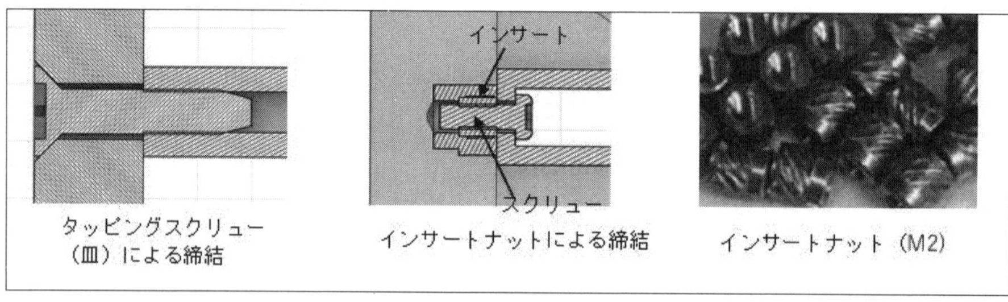

図4-4-3 締結の仕方

ネジの頭の形状で代表的なものに「なべ」と「皿」があります。

ネジの頭を飛び出させたくない場合は、「皿」を使うといいでしょう。

表4-4-1　今回使うスクリュー

	一般スクリュー（なべ）	タッピングスクリュー（なべ）	タッピングスクリュー（皿）
写真			
図面	H　L　ねじ径　φD	H　L　呼径　φD	H　L　呼径　φD
特徴	一般の締め付け。 インサートナット利用	樹脂に直接締め付け。	樹脂に直接締め付け。 頭を飛び出させたくない場合に使用。
備考		M2の場合、ねじ込み側の穴はφ1.8で開ける	被締め付け物側に45度の面取りを付ける。

画像はウィルコホームページより https://wilco.jp/

■「フレーム1」のモデリング

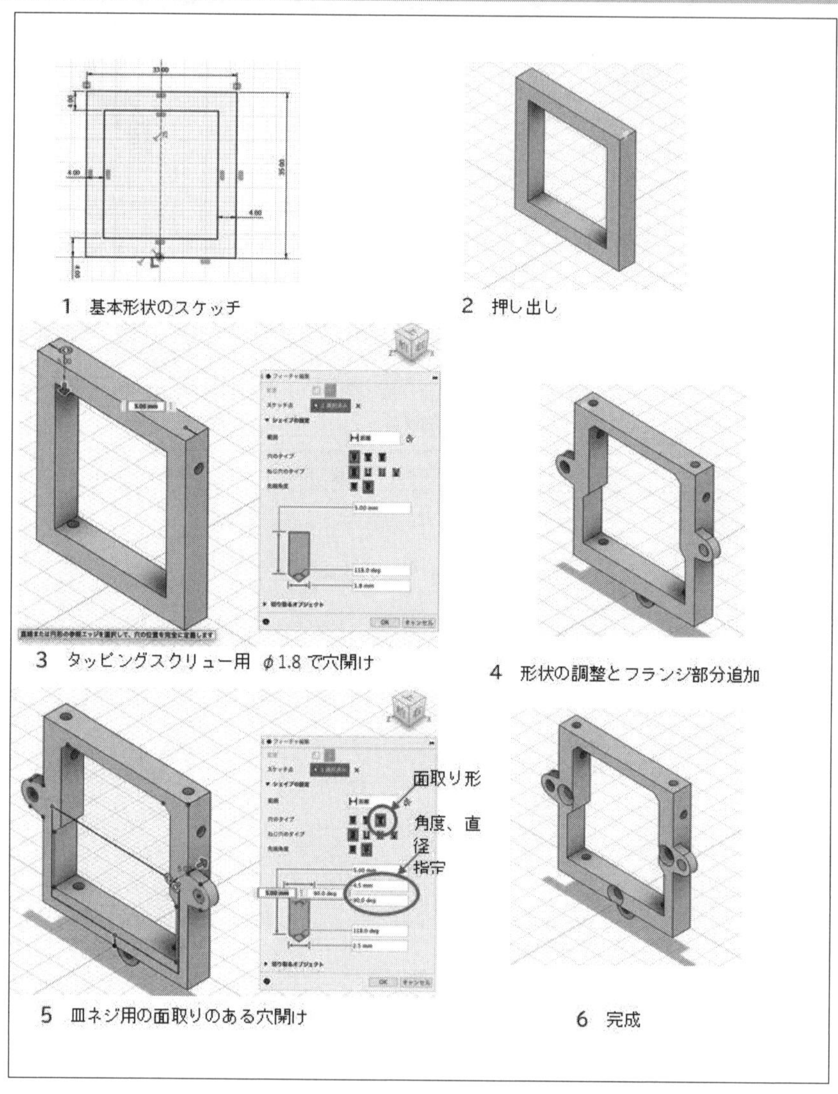

図4-4-4 「フレーム1」のモデリング

「フレーム4」もほぼ同じ手順です。

■「フレーム2」のモデリング

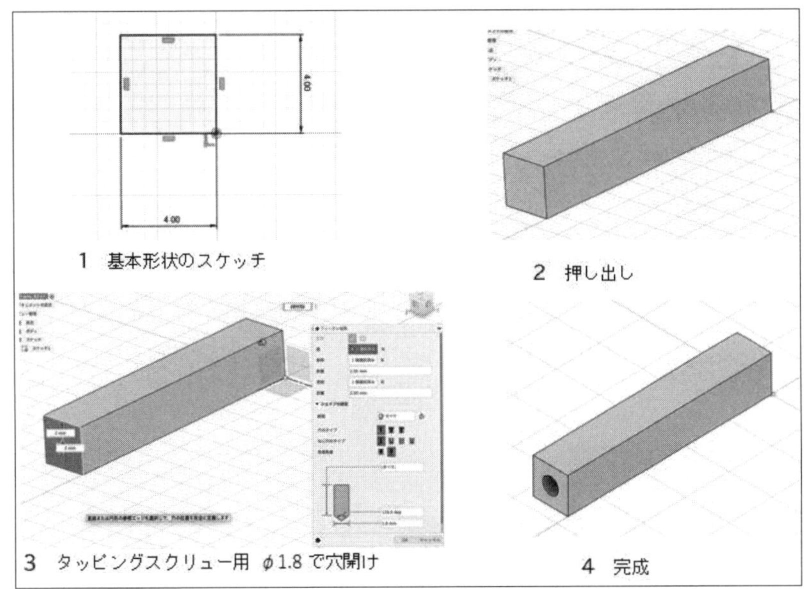

図4-4-5 「フレーム2」のモデリング

■「フレーム3」のモデリング

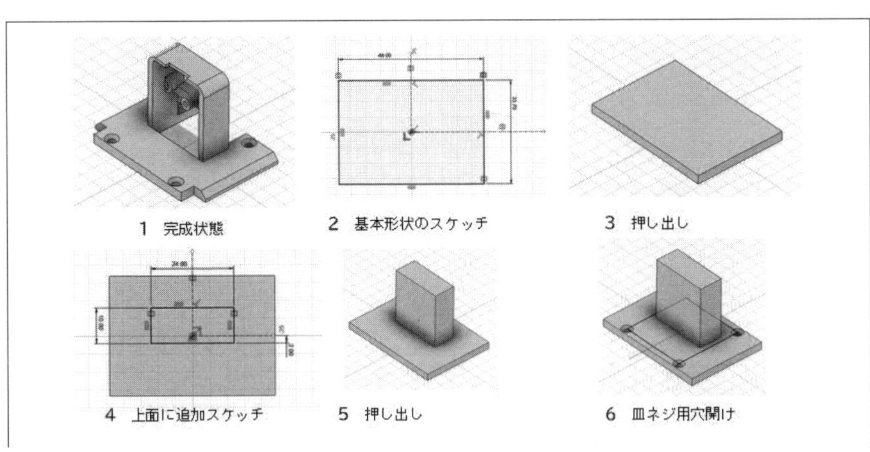

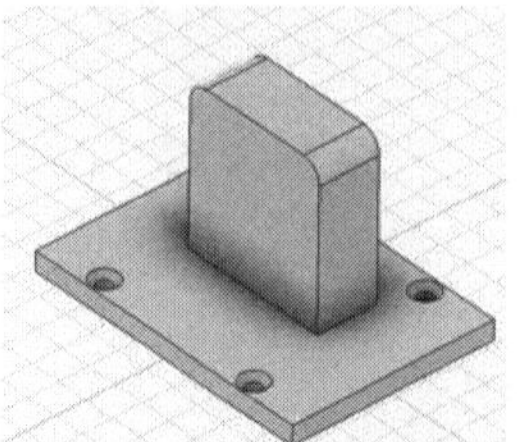
7 フィレット追加

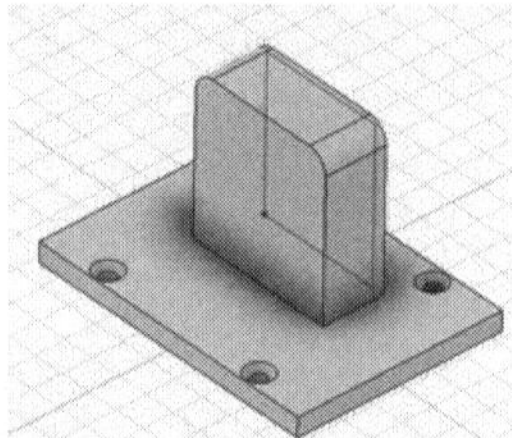
8 切り取り用スケッチ追加

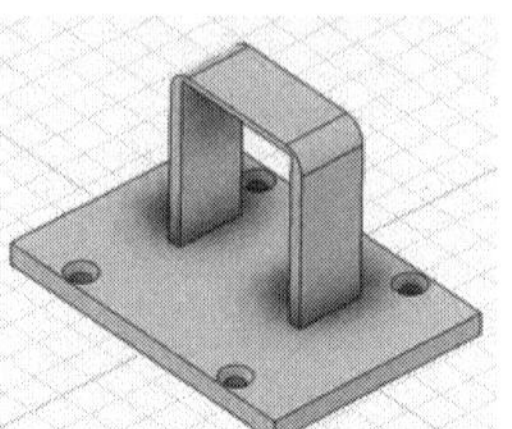
9 切り取り

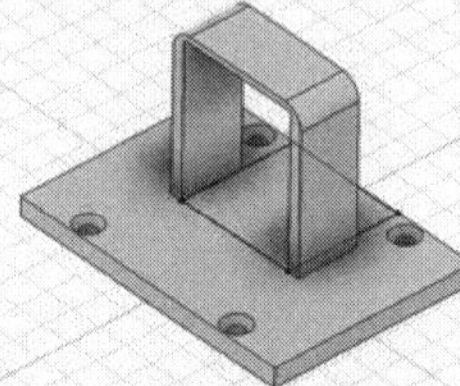
10 切り取り用スケッチ追加

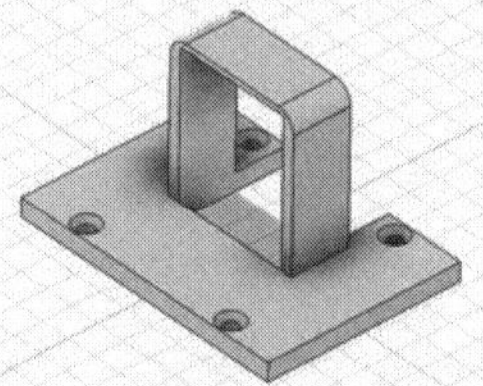
11 切り取り

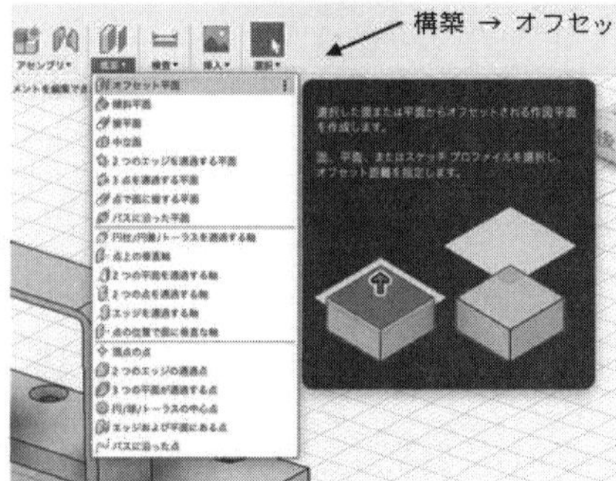

12 背面からオフセットするスケッチ平面を作る

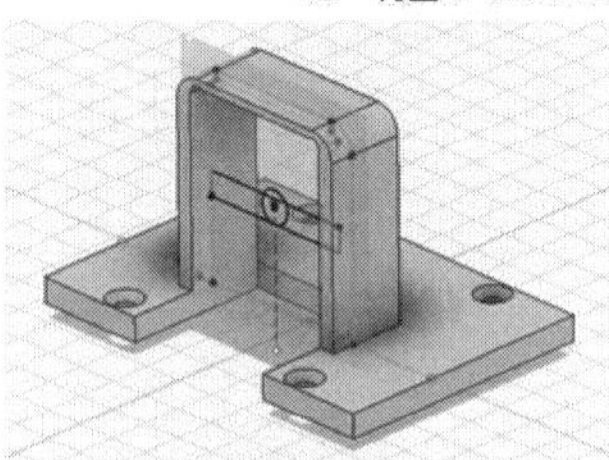
13 オフセットした面にスケッチ

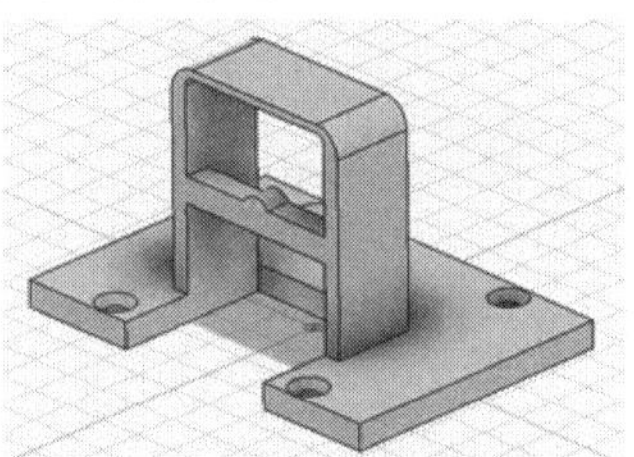
14 押し出し

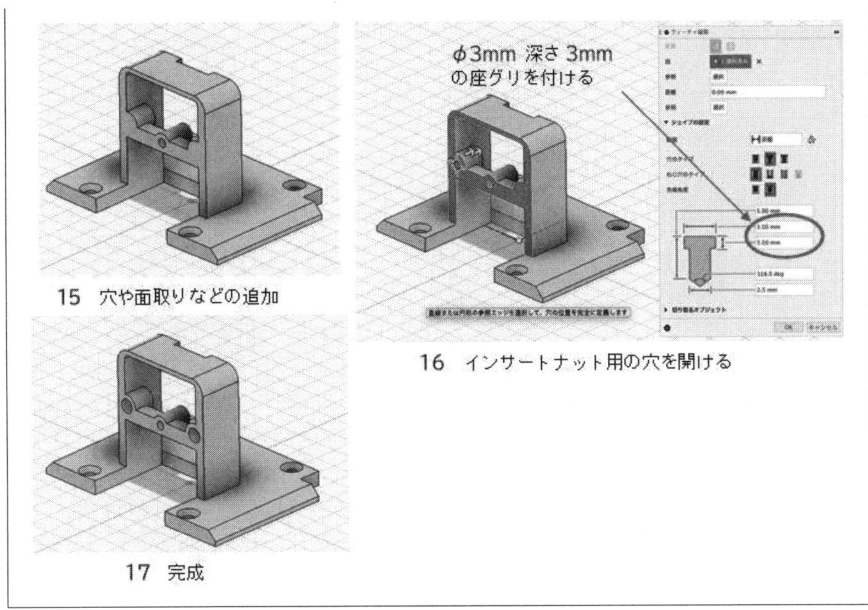

図4-4-6 「フレーム3」のモデリング

■「脚」のモデリング

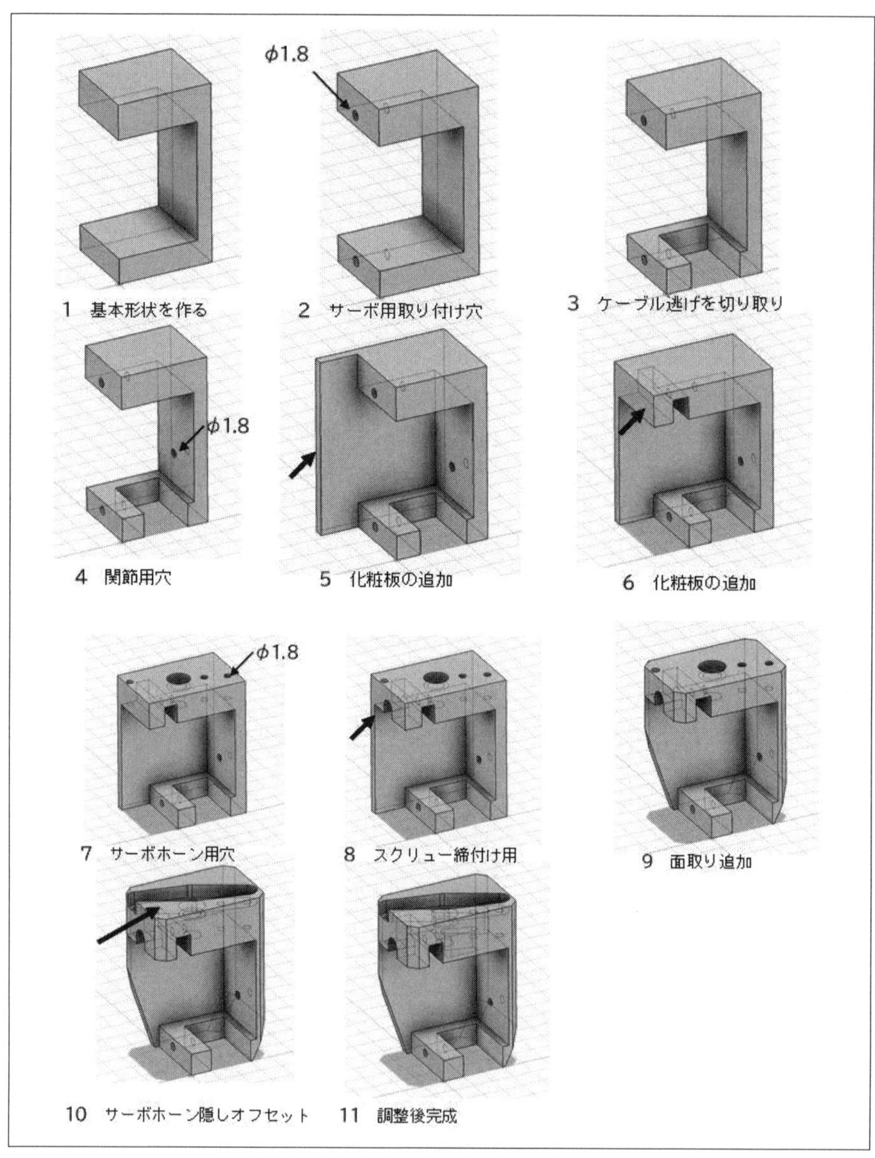

図4-4-7 「脚」のモデリング

■「足先」のモデリング

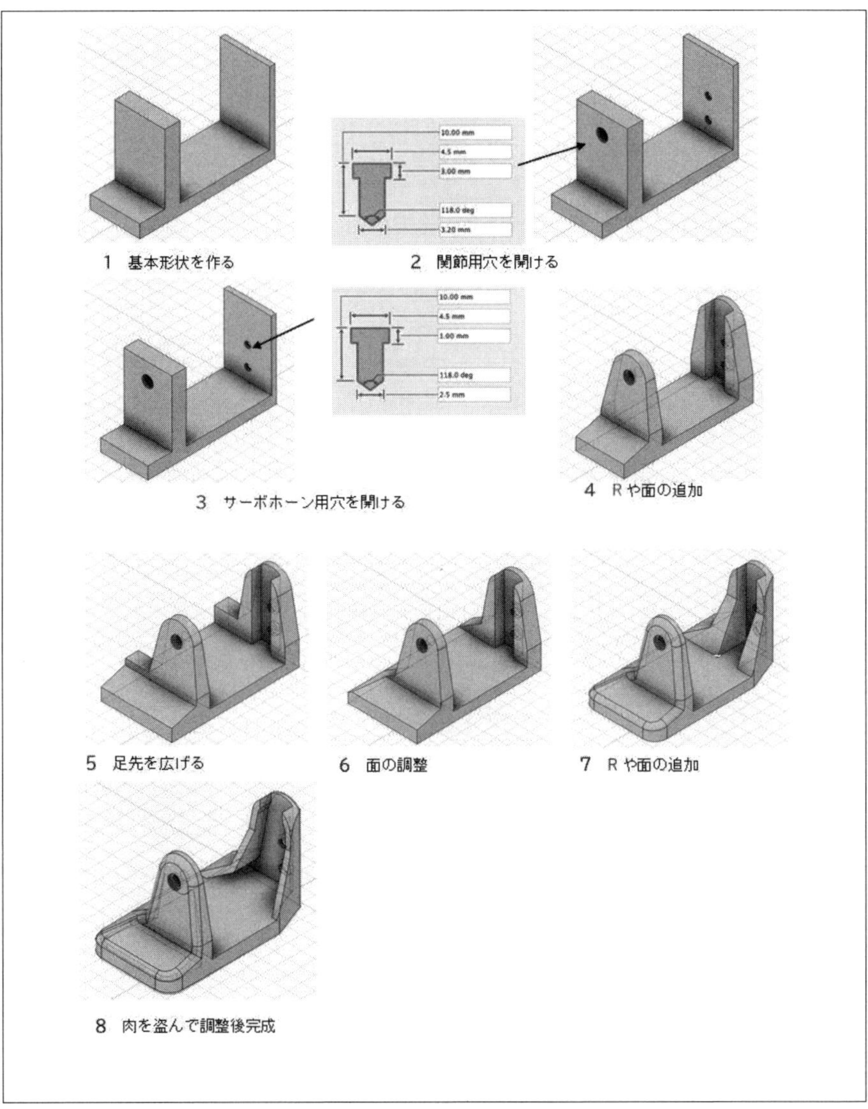

図4-4-8 「足先」のモデリング

■「アーム」のモデリング

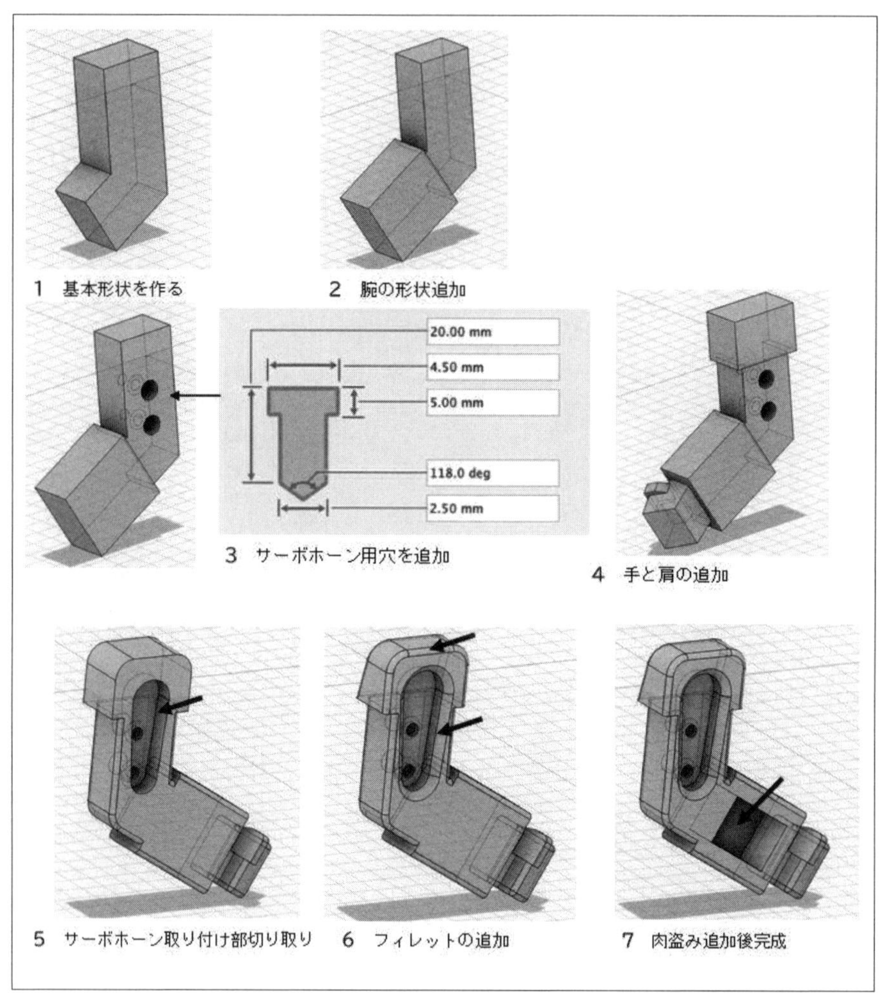

図4-4-9 「アーム」モデリング

■「カバー」のモデリング

3つの「カバー」で構成します。

「カバー」を3つ合わせた状態はこのようになっています。

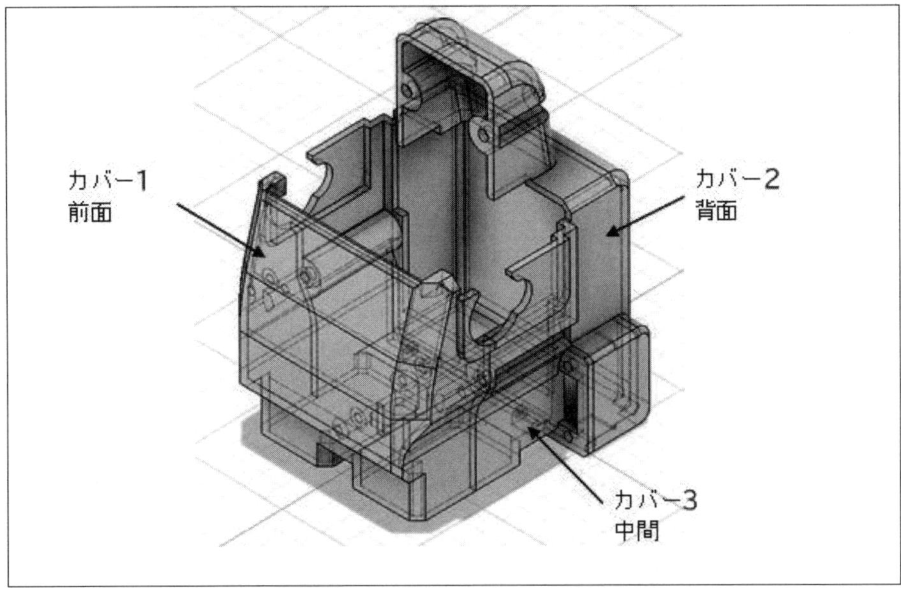

図4-4-10　カバー・アッセンブリ

●カバー1（前面カバー）

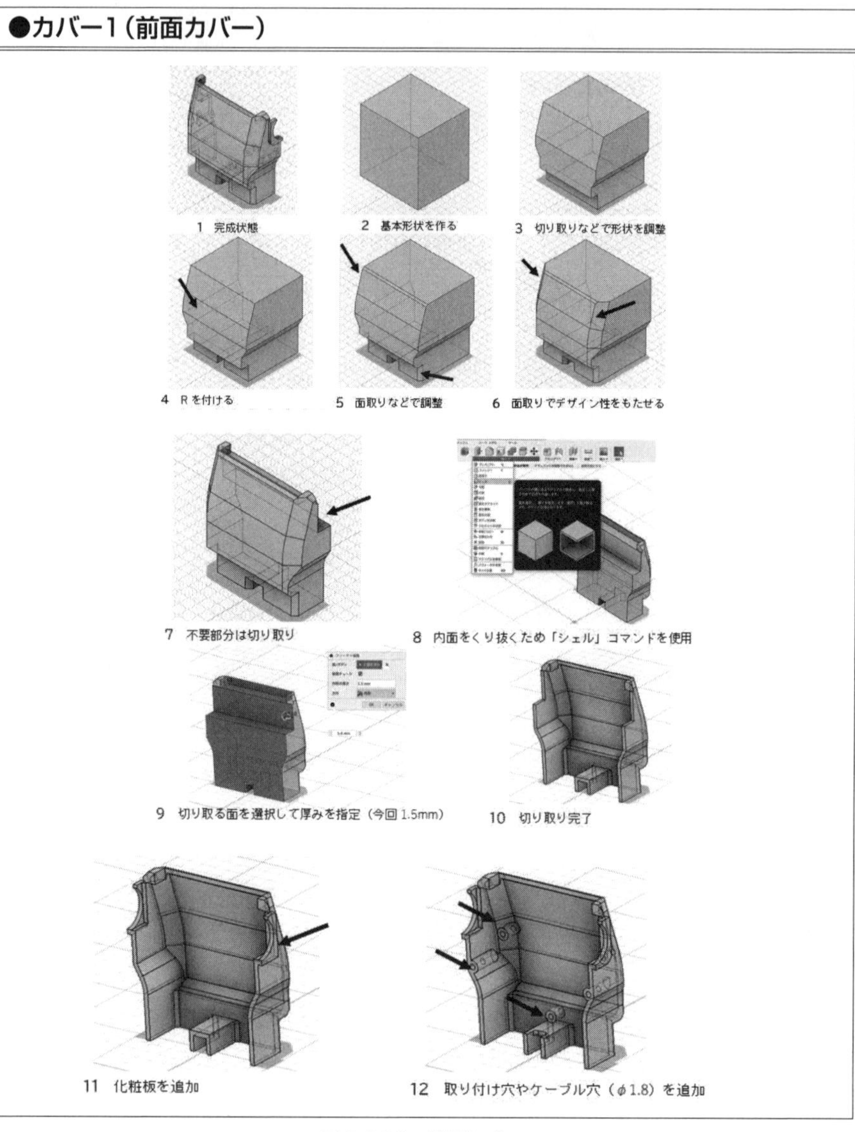

図4-4-11 前面カバー

●カバー2(後面カバー)

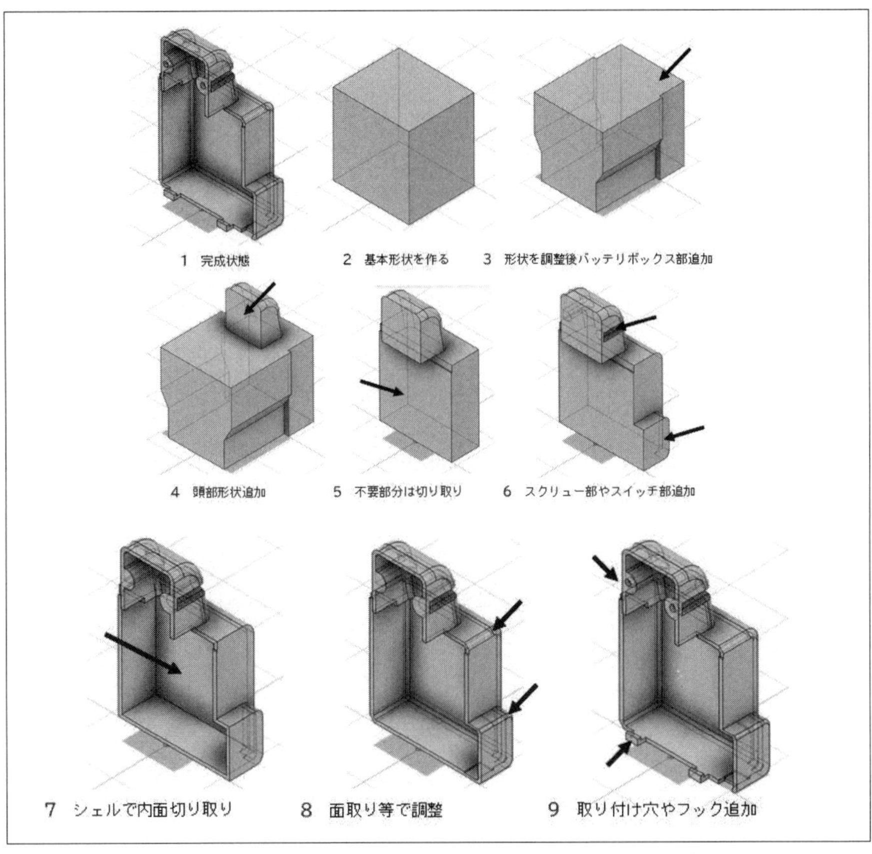

図4-4-12 後面カバー

●カバー3(中間カバー)

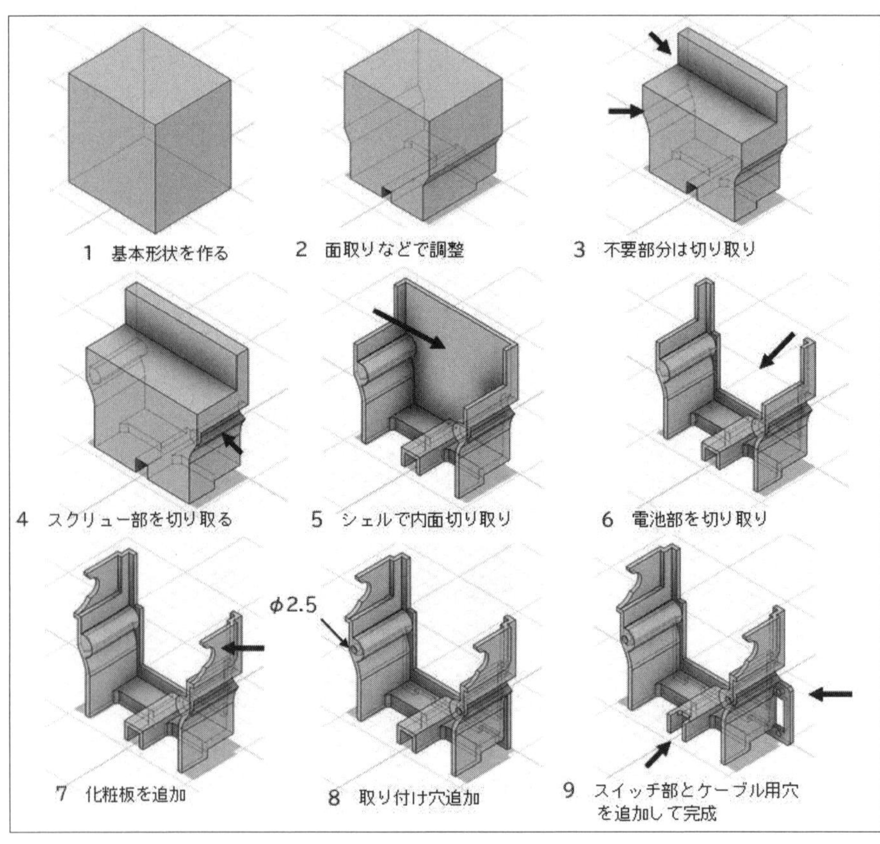

図4-4-13 中間カバー

4-5 「3Dプリンタ」を使おう

「3Dプリンタ」は、世の中を変えるかもしれない技術としてかなり話題になりました。

ロボットの部品を作るために「アルミ板」をカットして、曲げて作るのは非常に骨の折れる作業で、3D-CADデータから印刷できる「3Dプリンタ」は、かなりメリットがあります。

最近では数万円の低価格な「3Dプリンタ」も販売されているので、ハードルがだいぶ低くなってきました。

＊

筆者が重視したいのが、「騒音」です。

「3Dプリンタ」はファン音がまあまあしますが、アルミの板を電動糸ノコで"ガリガリ"切ったり、板を曲げるために金槌で"カンカン"叩くよりはかなり静かです。

これなら近所からクレームがくることは避けられます。

なるべくローコストをコンセプトにしていますが、ここは投資しても損はないと思います

図4-5-1 筆者所有の3Dプリンタ「ダヴィンチJr1.0 w」(販売終了)

＊

一般的に「3Dプリンタ」は何でも作れると思われがちですが、実は「作れるもの」と「作れないもの」があります。

また、1つの部品を作るにもかなりの時間を要します。

今回のロボットで使う部品でも、8時間くらい必要なものがあります。

さらに、表面は製造方法の都合でデコボコしています。

ツルツルにするためにはかなりの時間をかけて手作業で仕上げる必要があります。

ここでは3Dプリンタで部品を作るときのコツのようなものを、お伝えしたいと思います。

■「3Dプリンタ」の基本

一般的な低価格「3Dプリンタ」は、「FDM」という方式です。

これは熱で溶かした樹脂を、小さなノズル(穴)から出して下から積層していくものです。

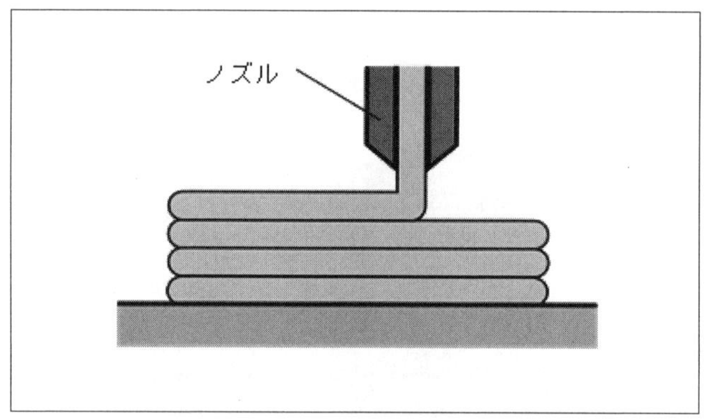

図4-5-2 FDM方式の「3Dプリンタ」の基本原理

●「サポート」について

レンガで橋を作ることを想像してください。

下から積み上げていくと、橋桁と橋桁の間は支えがないためレンガが落っこちてしまいます。

レンガで橋を作る場合には、アーチ状にするか、支えを置いた上でレンガを積み上げて、モルタルが固まった上で支えを外すという作業が必要です。

図4-5-3　アーチ状にするか、支えを置く

これは「3Dプリンタ」でも同じで、宙に浮いたものはそのままだと作れないので、ある程度の角度の「アーチ」に形を修正するか、「サポート」と呼ばれる支えを一緒に造形して、あとで支えを取り外す、という作業が必要です。

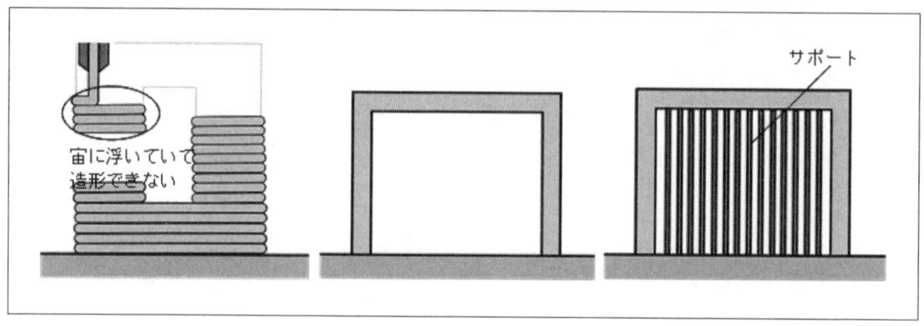

図4-5-4 宙に浮いたモデル(左)、橋のようなモデル(中央)、サポートの例(右)

このサポート材は、ある程度手でパキパキと取れますが、3Dプリント用の素材である「PLA」の場合、綺麗(きれい)に取るには「やすり」で削るなど、後処理がけっこう大変です。

一般的なノズルの径は0.4mmで、「積層ピッチ」は低価格な機種は0.1mmくらいが一般的です。

したがって、これより細かいものは作れません。

何となく形ができますが、つぶれた感じになります。

また、薄いものも得意ではありません。ある程度の厚みが必要です。

■「ラフト」について

底面積に対して高さのあるものは、出力中に微妙に倒れてしまうことがあります。

また、逆に底面が広くて薄いものは、反り返ってしまうことがあります。

これをある程度解消するものが、「ラフト」というものです。

「ラフト」とは「イカダ」という意味ですが、造形物の底面に薄くて広い部材を追加して出力します。

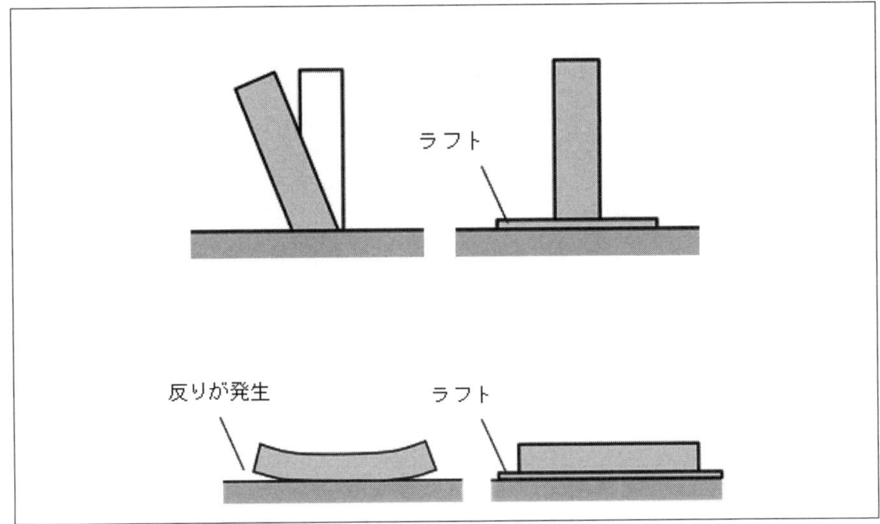

図4-5-5 「ラフト」を適用すると倒れや反りを防ぐことができる

これも後で、手で“パキパキ”と外します。

「ラフト」も、面積が広いと外すのが意外と大変です。

■「Fusion360」から3Dプリンタソフト用ファイルへの変換

「3Dプリンタ」で出力するためには一般的には「3D-CAD」からSTL形式で出力し、「スライサー」と呼ばれる「3Dプリンタ」専用ソフトでSTLファイルを読み込んで積層するデータに変換します。

その際に「サポート」や「ラフト」の設定をします。

*

今回は筆者所有の、「XYZプリンティング」の「ダヴィンチJr1.0w」用ソフト「XYZprint」の場合の手順を説明します。

手　順　「Fusion360」から3Dプリンタソフト用ファイルへの変換

[1] STL形式の書き出し

「Fusion360」でモデルをブラウザから右クリックして「メッシュとして保存」を選択。

形式を「STL(バイナリ)」として出力します。

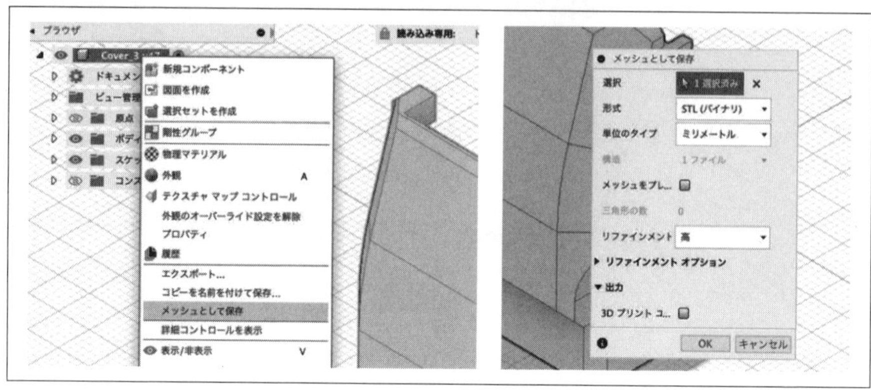

図4-5-6 「STL(バイナリ)」として出力

[2]「スライサー」による変換

「XYZprint」というソフトを開き、STLファイルを読み込みます。

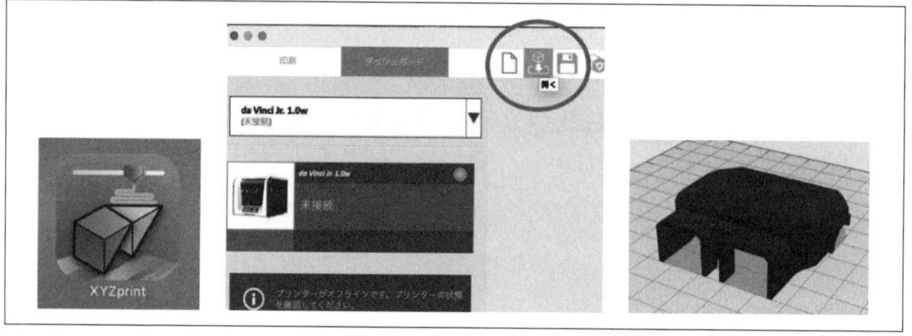

図4-5-7 「XYZprint」を開き、ファイルを読み込む

筆者の場合、出力時の設定は下記のようにしています。

ここら辺は「3Dプリンタ」によっても変わってくる部分なので、試行錯誤しながら最適だと思うものを探していきます。

この設定によって「仕上がりの美しさ」や「強度」「印刷時間」が変わってきます。

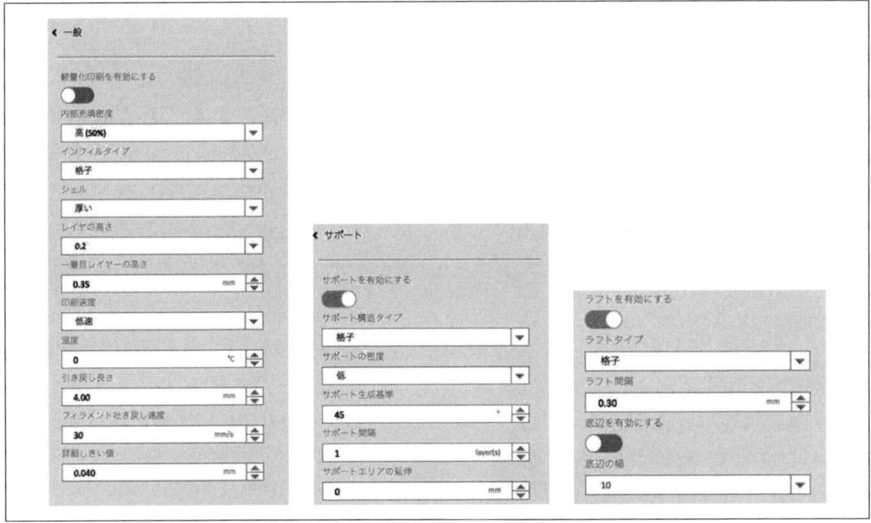

図4-5-8　出力設定(左)、サポートの設定(中央)、ラフトの設定(右)

[3] 3Dプリント用にスライスします。
　左上の「準備」をクリックします。

「ダヴィンチJr1.0w」は「Wi-Fi」で接続する機能があるので、「印刷」をクリックすれば印刷が開始されます。
　また、スライス後のファイルを保存してSDカードにコピーし、「3Dプリンタ」に挿しても印刷ができます。

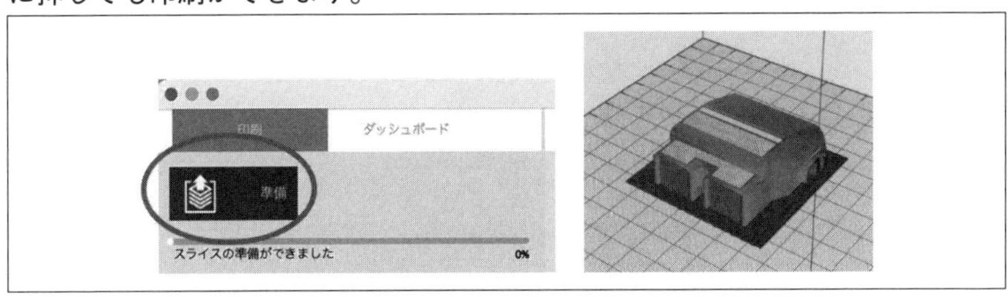

図4-5-9　「準備」をクリック(左)、スライス後(右)

■「3Dプリンタ」のコツ

前述したように、「サポート」は、きれいに外すのが大変な場合があります。
そこで、なるべくサポート材が不要なようにモデリングすることも重要です。

そのカギとなるのは、「45度ルール」です。
3Dプリントは45度より大きいオーバーハングであれば「サポート」なしでも印刷が可能です(この「45度」は「3Dプリンタ」の機種や設定によっても変わります)。

もし、45度以上の角度でモデリングできない場合は、印刷する状態を傾ける方法があります。
「サポート」が最小限となり、取り外し時の処理が最小限に抑えられます。

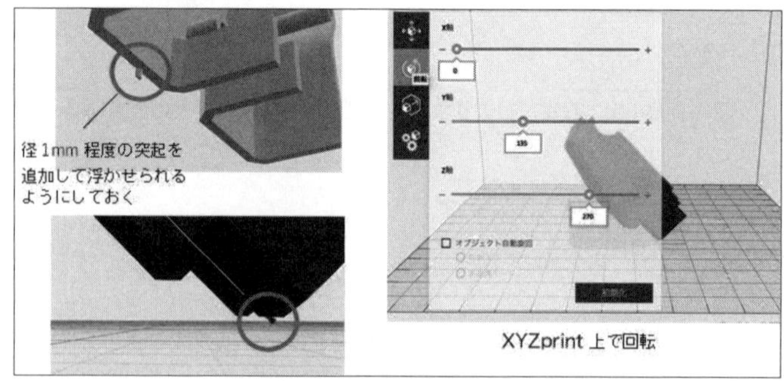

図4-5-10　45度ルール

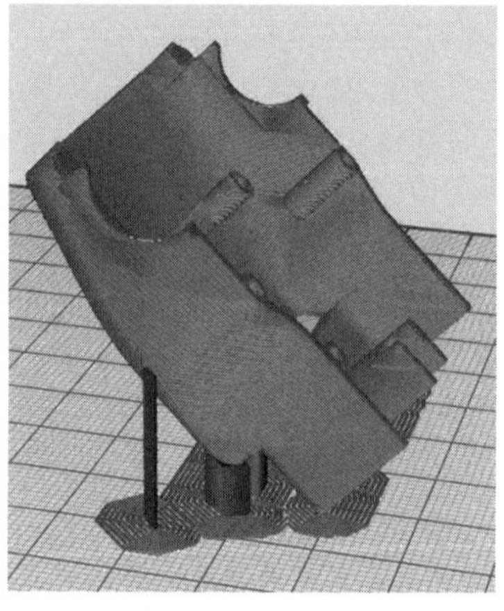

図4-5-11　サポートを最小限に

ただし、「ラフト」の大きさがある程度大きくないと、造形物が倒れてしまうことがあります。

一度倒れてしまうと復帰はできないので、何時間もかけて印刷したものが全部無駄になることがあります。

最悪の場合、モジャモジャが出現します。

「3Dプリンタ」を使う人が誰しも一度は経験のある現象です。

図4-5-12　失敗してモジャモジャになってしまった造形物

■実際のスライス後のファイル

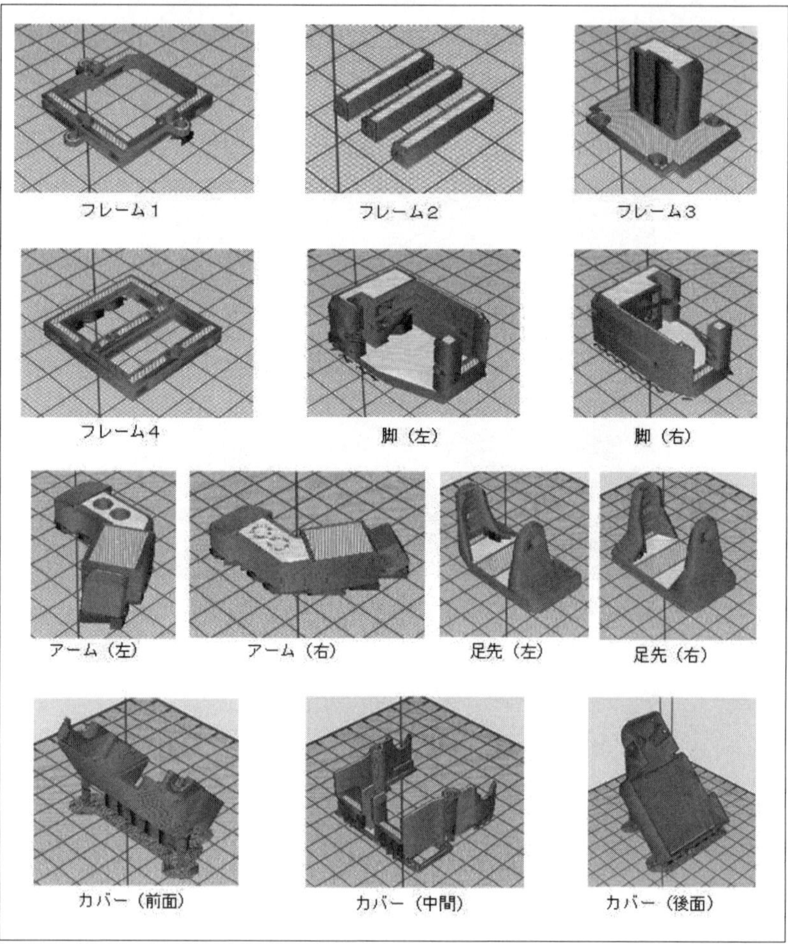

図4-5-13　スライス後のファイル

4-6 結線

結線としては、**図4-6-1**のようにします。

ユニバーサル基板上でピンヘッダと電源用のコネクタを立てて、ワイヤで接続します。

■ユニバーサル基板

基板はユニバーサル基板を使い、各部品とワイヤを「ハンダ付け」します。

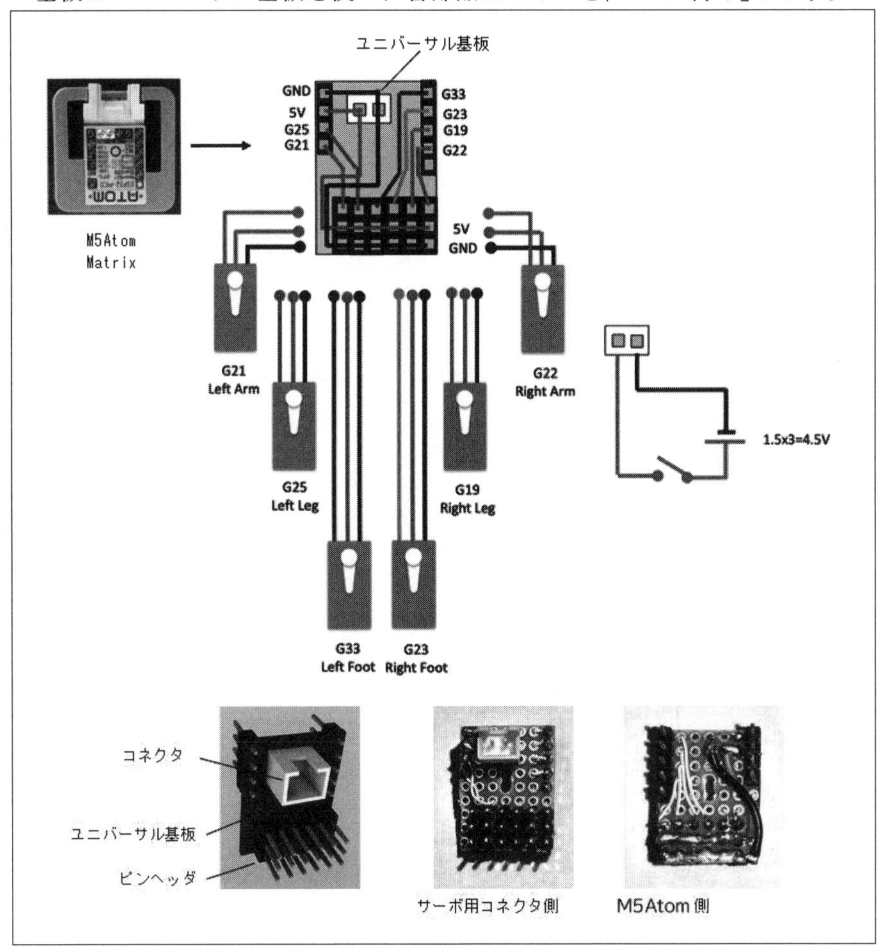

図4-6-1　各部品とワイヤを「ハンダ付け」する

■サーボの「ゼロ点設定」

前章でも行なったように、組み立ての前に「M5Atom」に「ゼロ点設定」するスケッチを書き込みます。

前回の「s3_4axis_Zero.ino」を拡張して「s4_6axis_Zero.ino」を書き込みます。

*

変更する部分を示します。

変更箇所

```
const uint8_t Srv0 = 22;            //右アーム
const uint8_t Srv1 = 19;            //右脚
const uint8_t Srv2 = 23;            //右脚先
const uint8_t Srv3 = 33;            //左脚先
const uint8_t Srv4 = 25;            //左脚
const uint8_t Srv5 = 21;            //左アーム

int angZero[] = {90, 90, 90, 90, 90, 90};
```

スケッチ名　s4_6axis_Zero.ino

```
#include "M5Atom.h"

const uint8_t Srv0 = 22; //GPIO Right Arm
const uint8_t Srv1 = 19; //GPIO Right Leg
const uint8_t Srv2 = 23; //GPIO Right Foot
const uint8_t Srv3 = 33; //GPIO Left Foot
const uint8_t Srv4 = 25; //GPIO Left Leg
const uint8_t Srv5 = 21; //GPIO Left Arm

const uint8_t srv_CH0 = 0, srv_CH1 = 1, srv_CH2 = 2, srv_
CH3 = 3, srv_CH4 = 4, srv_CH5 = 5; //チャンネル
const double PWM_Hz = 50;    //PWM周波数
const uint8_t PWM_level = 16; //PWM 16bit(0～65535)

int pulseMIN = 1640;  //0deg 500μsec 50Hz 16bit : PWM周波数
(Hz) x 2^16(bit) x PWM時間(μs) / 10^6
int pulseMAX = 8190;  //180deg 2500μsec 50Hz 16bit : PWM周
波数(Hz) x 2^16(bit) x PWM時間(μs) / 10^6

int cont_min = 0;
```

```
int cont_max = 180;

int angZero[] = {90, 90, 90, 90, 90, 90};

void Srv_drive(int srv_CH,int SrvAng){
  SrvAng = map(SrvAng, cont_min, cont_max, pulseMIN,
pulseMAX);
  ledcWrite(srv_CH, SrvAng);
}
void setup() {
  M5.begin(true, false, true); //SerialEnable , I2CEnable ,
DisplayEnable

  pinMode(Srv0, OUTPUT);
  pinMode(Srv1, OUTPUT);
  pinMode(Srv2, OUTPUT);
  pinMode(Srv3, OUTPUT);
  pinMode(Srv4, OUTPUT);
  pinMode(Srv5, OUTPUT);

  //モータのPWMのチャンネル、周波数の設定
  ledcSetup(srv_CH0, PWM_Hz, PWM_level);
  ledcSetup(srv_CH1, PWM_Hz, PWM_level);
  ledcSetup(srv_CH2, PWM_Hz, PWM_level);
  ledcSetup(srv_CH3, PWM_Hz, PWM_level);
  ledcSetup(srv_CH4, PWM_Hz, PWM_level);
  ledcSetup(srv_CH5, PWM_Hz, PWM_level);

  //モータのピンとチャンネルの設定
  ledcAttachPin(Srv0, srv_CH0);
  ledcAttachPin(Srv1, srv_CH1);
  ledcAttachPin(Srv2, srv_CH2);
  ledcAttachPin(Srv3, srv_CH3);
  ledcAttachPin(Srv4, srv_CH4);
  ledcAttachPin(Srv5, srv_CH5);

  Srv_drive(srv_CH0, angZero[0]);
  Srv_drive(srv_CH1, angZero[1]);
  Srv_drive(srv_CH2, angZero[2]);
  Srv_drive(srv_CH3, angZero[3]);
  Srv_drive(srv_CH4, angZero[4]);
```

```
  Srv_drive(srv_CH5, angZero[5]);
}

void loop() {

}
```

4-7 組み立て

3Dプリントした部品を組み立てます。

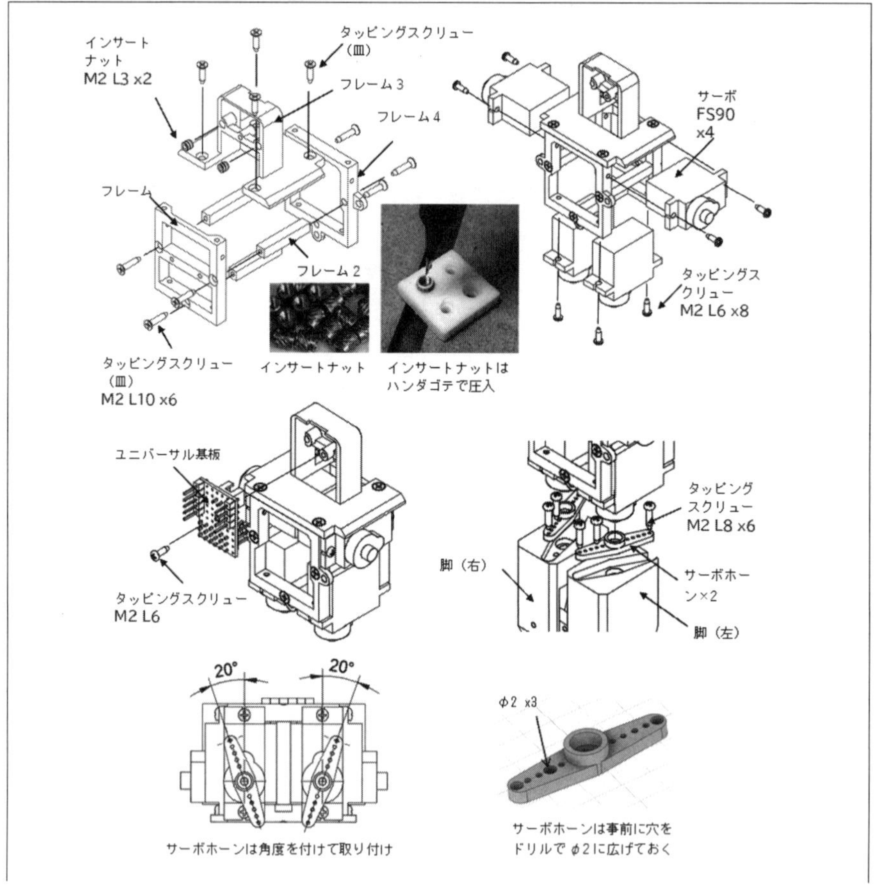

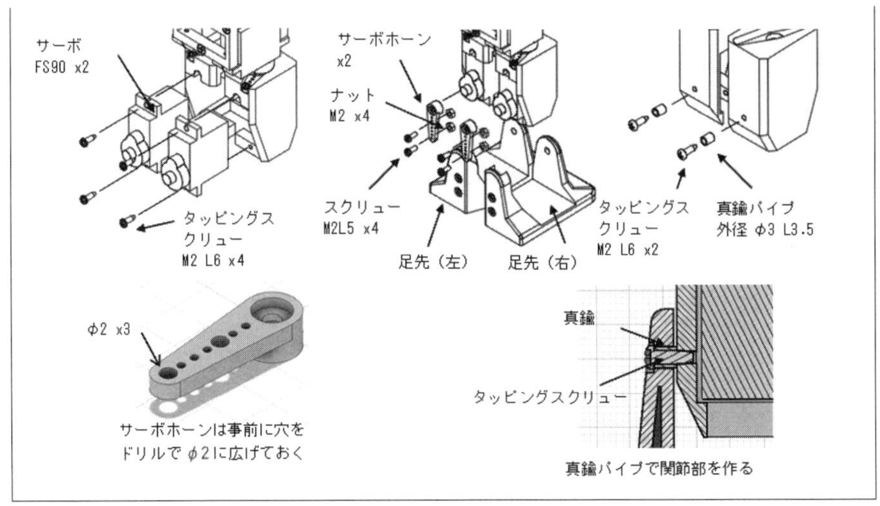

図4-7-1　組み立て図

関節部を作るために、真鍮パイプをカットします。

手　順　真鍮パイプのカット

[1] ノギスで長さを調整する。

図4-7-2　ノギスで長さを調整

[2] ハンドルを矢印の方向に回して押し付ける。

図4-7-3 ハンドルを回して押しつけ

[3]「パイプカッター」を矢印の方向に回す。

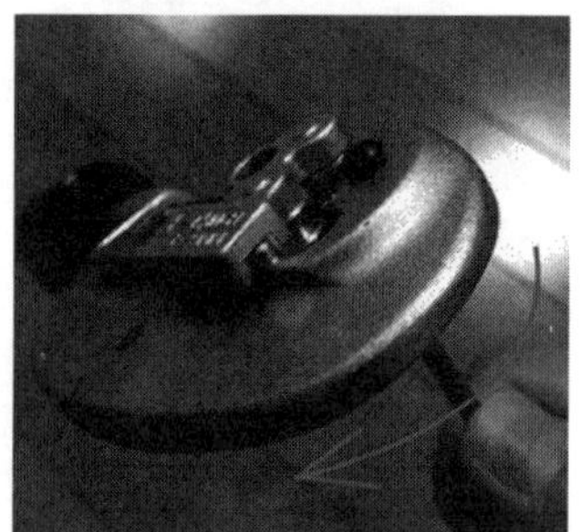

図4-7-4 「パイプカッター」を回す

[4] パイプが切断される。

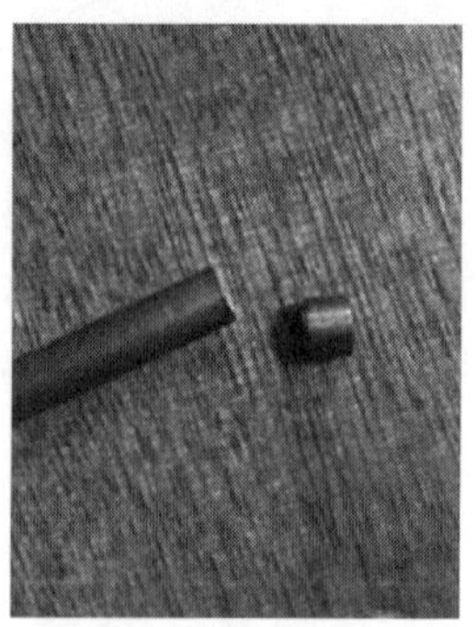

図4-7-5 カット完了

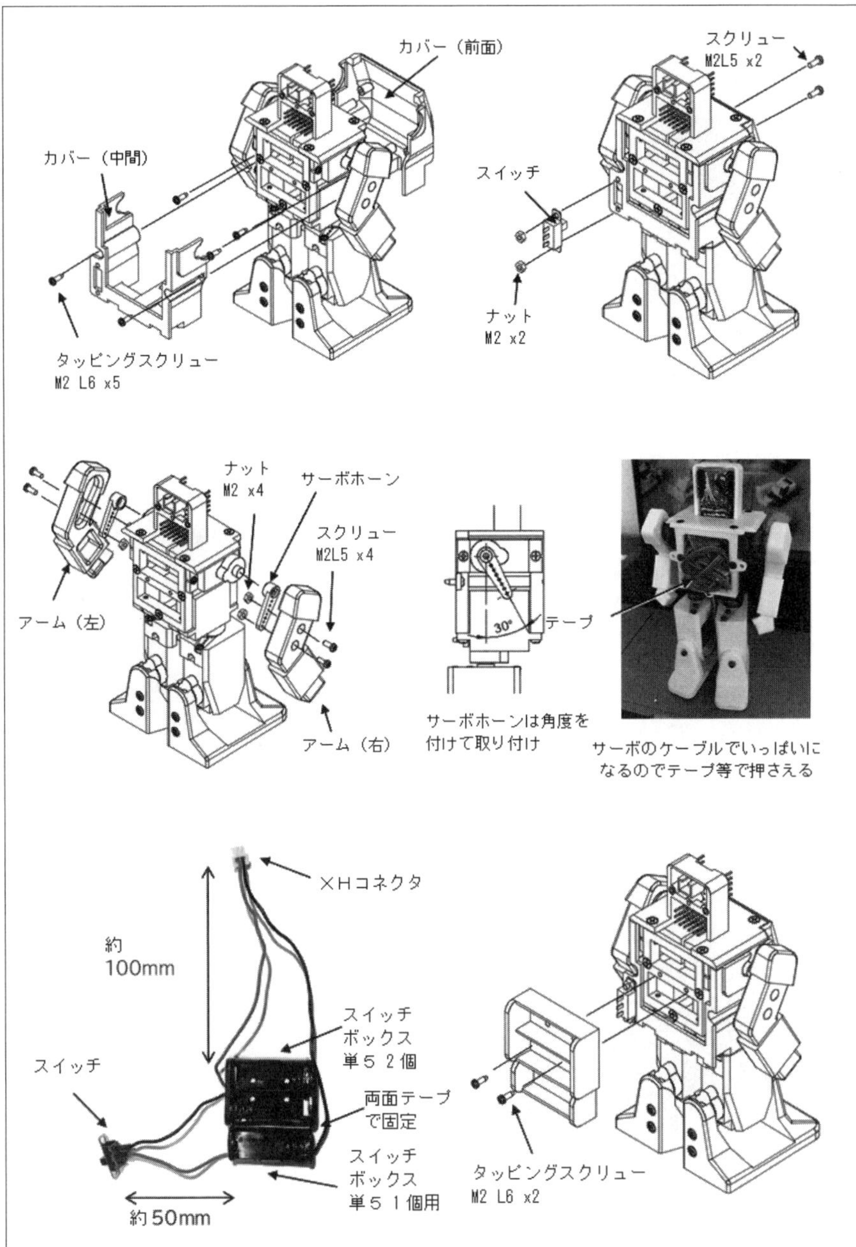
カバー（前面）
カバー（中間）
タッピングスクリュー
M2 L6 x5
スクリュー
M2L5 x2
スイッチ
ナット
M2 x2
ナット
M2 x4
サーボホーン
スクリュー
M2L5 x4
アーム（左）
アーム（右）
30°
テープ
サーボホーンは角度を
付けて取り付け
サーボのケーブルでいっぱいに
なるのでテープ等で押さえる
ＸＨコネクタ
約
100mm
スイッチ
ボックス
単５ ２個
スイッチ
両面テープ
で固定
スイッチ
ボックス
単５ １個用
約50mm
タッピングスクリュー
M2 L6 x2

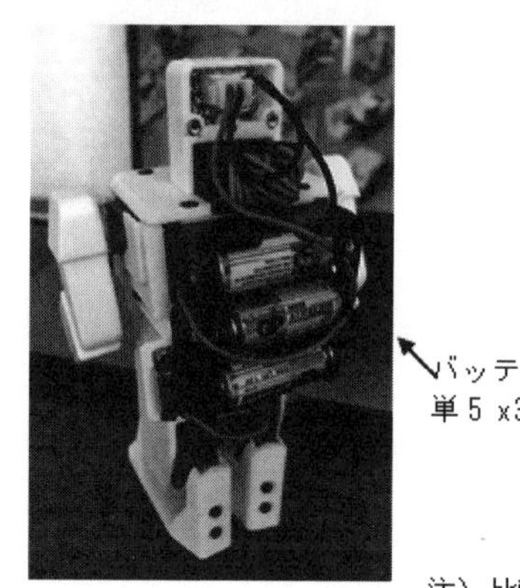

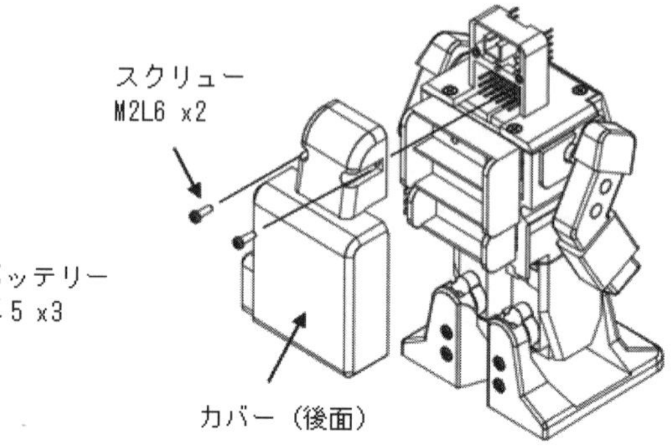

注）比較的にすぐ、電池は使
用できなくなります。

組立完了

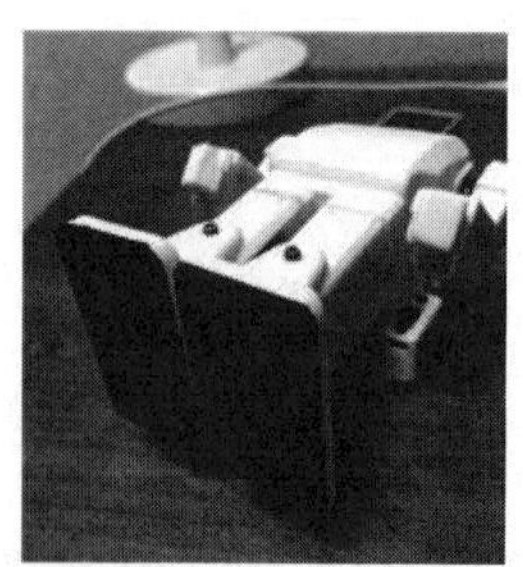

必要に応じて足裏にゴムを
貼るなどして滑り止め

図4-7-6　組み立て図2

4-8 「サーボ」のトリミング

「サーボ」は個体差や内部のギアそしてサーボ・ホーンの溝の位置関係から、90度を狙っても、ピッタリ90度にならないのが普通です。

そこで組立後に微調整します。

これを「トリミング」と言います。

図4-8-1 トリミング前は微妙にズレている

スケッチの下記の部分を調整して狙いの「ゼロ点」となるようにします。

・初期値

```
int angZero[] = {90, 90, 90, 90, 90, 90};
```

・トリミング後の例

```
int angZero[] = {90, 78, 85, 88, 92, 90};
```

4-9 「Matrix LED」による顔表現

「M5Atom Matrix」は「マトリックスLED」を搭載しています。
これで顔を表現します。

マトリックスのナンバーに色を設定することでLEDを点灯します。

24	23	22	21	20
19	18	17	16	15
14	13	12	11	10
9	8	7	6	5
4	3	2	1	0

図4-9-1　マトリックスのナンバーに色を設定

＊

コマンドとしては以下となります。

M5.dis.drawpix(マトリックスのNo , 0x Green Red Blue)

```
void face_center(){
  M5.dis.drawpix(6, 0x00ff00);  //red
  M5.dis.drawpix(7, 0x00ff00);  //red
  M5.dis.drawpix(8, 0x00ff00);  //red
  M5.dis.drawpix(16, 0x0000ff);  //blue
  M5.dis.drawpix(18, 0x0000ff);  //blue
}

void face_right(){
  face_clear();
4-09-  M5.dis.drawpix(7, 0x00ff00);  //red
  M5.dis.drawpix(8, 0x00ff00);  //red
  M5.dis.drawpix(9, 0x00ff00);  //red
  M5.dis.drawpix(17, 0x0000ff);  //blue
  M5.dis.drawpix(19, 0x0000ff);  //blue
}
```

正面向き

右向き

```
void face_left(){
  face_clear();
  M5.dis.drawpix(5, 0x00ff00);  //red
  M5.dis.drawpix(6, 0x00ff00);  //red

  M5.dis.drawpix(7, 0x00ff00);  //red
  M5.dis.drawpix(15, 0x0000ff);  //blue
  M5.dis.drawpix(17, 0x0000ff);  //blue
}
```

左向き

4-10 モーション作成

基本的に**前章**の「歩行モーション」と同じです。
「サーボ」の取り付け方向と、必要な回転角度が異なるだけです。
また、「アーム」の簡単なモーションを追加しました。

前進

```
// Forward Step
int f_s[19][6]={
  {0,0,0,0,0,0},
  {0,0,-15,-10,0,0},
  {0,0,-15,-15,0,0},
  {-20,15,-15,-15,15,-20},
  {-20,15,0,0,15,-20},
  {-20,15,10,15,15,-20},
  {-20,15,15,15,15,-20},
  {0,0,15,15,0,0},
  {20,-15,15,15,-15,20},
  {20,-15,0,0,-15,20},
  {20,-15,-15,-10,-15,20},
  {20,-15,-15,-15,-15,20},
  {0,0,-15,-15,0,0},
  {-20,15,-15,-15,15,-20},
  {-20,15,0,0,15,-20},
  {-20,15,10,15,15,-20},
  {-20,15,15,15,15,-20},
  {0,0,15,15,0,0},
  {0,0,0,0,0,0}};
```

後進

```
/ Back Step
int b_s[19][6]={
  {0,0,0,0,0,0},
  {0,0,-20,-15,0,0},
  {0,0,-15,-15,0,0},
  {0,-15,-15,-15,-15,20},
  {0,-15,0,0,-15,20},
  {0,-15,15,20,-15,20},
  {0,-15,15,15,-15,20},
  {0,0,15,15,0,0},
  {0,15,15,15,15,-20},
  {0,15,0,0,15,-20},
  {0,15,-20,-15,15,-20},
  {0,15,-15,-15,15,-20},
  {0,0,-15,-15,0,0},
  {0,-15,-15,-15,-15,20},
  {0,-15,0,0,-15,20},
  {0,-15,15,20,-15,20},
  {0,-15,15,15,-15,20},
  {0,0,15,15,0,0},
  {0,0,0,0,0,0}};
```

右ターン

```
// Right Turn Step
int r_s[9][6]={
  {0,0,0,0,0,0},
  {0,0,-15,-10,0,0},
  {0,0,-15,-15,0,0},
  {-20,15,-15,-15,-15,-20},
  {-20,15,0,0,-15,-20},
  {-20,15,10,15,-15,-20},
  {-20,15,15,15,-15,-20},
  {0,0,15,15,0,0},
  {0,0,0,0,0,0}};
```

左ターン

```
// Left Turn_Step
int l_s[9][6]={
  {0,0,0,0,0,0},
  {0,0,10,15,0,0},
  {0,0,15,15,0,0},
  {-20,15,15,15,-15,-20},
  {-20,15,0,0,-15,-20},
  {-20,15,-15,-10,-15,-20},
  {-20,15,-15,-15,-15,-20},
  {0,0,-15,-15,0,0},
  {0,0,0,0,0,0}};
```

右アーム

```
// Right Arm
int r_a[7][6]={
  {0,0,0,0,0,0},
  {80,0,0,0,0,0},
  {0,0,0,0,0,0},
  {80,0,0,0,0,0},
  {0,0,0,0,0,0},
  {80,0,0,0,0,0},
  {0,0,0,0,0,0}};
```

左アーム

```
// Left Arm
int l_a[7][6]={
  {0,0,0,0,0,0},
  {0,0,0,0,0,-80},
  {0,0,0,0,0,0},
  {0,0,0,0,0,-80},
  {0,0,0,0,0,0},
  {0,0,0,0,0,-80},
  {0,0,0,0,0,0}};
```

4-11 「Blynk」によるコントロール

前章同様に、今回も「Blynk」でコントロールします。
ほとんど同じですが、「アーム」のボタンを追加しました。
左右の「アームボタン」を押せば、それぞれの「アーム」を振る動作をします。

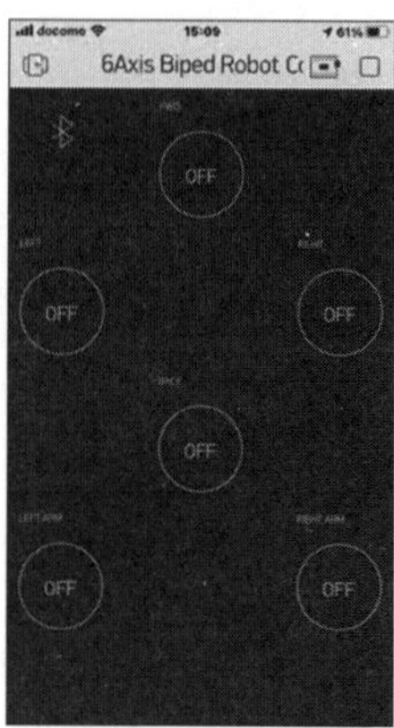

図4-11-1 「Blynk」の画面

4-12 スケッチ

全体のスケッチは、以下となります。

スケッチ名 s4_6axis_Control_Blynk.ino

```
#define BLYNK_PRINT Serial
#define BLYNK_USE_DIRECT_CONNECT

#include "M5Atom.h"
#include <BlynkSimpleEsp32_BLE.h>
#include <BLEDevice.h>
#include <BLEServer.h>

char auth[] = "xxxxxxxxxxxxxxxxxxxxxxx";  //メールで送られる
Auth Token

const uint8_t Srv0 = 22; //GPIO Right Arm
const uint8_t Srv1 = 19; //GPIO Right Leg
const uint8_t Srv2 = 23; //GPIO Right Foot
```

```
const uint8_t Srv3 = 33; //GPIO Left Foot
const uint8_t Srv4 = 25; //GPIO Left Leg
const uint8_t Srv5 = 21; //GPIO Left Arm

const uint8_t srv_CH0 = 0, srv_CH1 = 1, srv_CH2 = 2, srv_
CH3 = 3, srv_CH4 = 4, srv_CH5 = 5; //チャンネル
const double PWM_Hz = 50;   //PWM周波数
const uint8_t PWM_level = 16; //PWM 16bit(0～65535)

int pulseMIN = 1640;  //0deg 500μsec 50Hz 16bit : PWM周波数
(Hz) x 2^16(bit) x PWM時間(μs) / 10^6
int pulseMAX = 8190;  //180deg 2500μsec 50Hz 16bit : PWM周
波数(Hz) x 2^16(bit) x PWM時間(μs) / 10^6

int cont_min = 0;
int cont_max = 180;

int angZero[] = {90, 78, 85, 88, 92, 90};
int ang0[6];
int ang1[6];
int ang_b[6];
char ang_c[6];
float ts=160;  //160msごとに次のステップに移る
float td=20;   //20回で分割
// Forward Step
int f_s[19][6]={
  {0,0,0,0,0,0},
  {0,0,-15,-10,0,0},
  {0,0,-15,-15,0,0},
  {-20,15,-15,-15,15,-20},
  {-20,15,0,0,15,-20},
  {-20,15,10,15,15,-20},
  {-20,15,15,15,15,-20},
  {0,0,15,15,0,0},
  {20,-15,15,15,-15,20},
  {20,-15,0,0,-15,20},
  {20,-15,-15,-10,-15,20},
  {20,-15,-15,-15,-15,20},
  {0,0,-15,-15,0,0},
  {-20,15,-15,-15,15,-20},
  {-20,15,0,0,15,-20},
```

```
  {-20,15,10,15,15,-20},
  {-20,15,15,15,15,-20},
  {0,0,15,15,0,0},
  {0,0,0,0,0,0}};

// Back Step
int b_s[19][6]={
  {0,0,0,0,0,0},
  {0,0,-20,-15,0,0},
  {0,0,-15,-15,0,0},
  {0,-15,-15,-15,-15,20},
  {0,-15,0,0,-15,20},
  {0,-15,15,20,-15,20},
  {0,-15,15,15,-15,20},
  {0,0,15,15,0,0},
  {0,15,15,15,15,-20},
  {0,15,0,0,15,-20},
  {0,15,-20,-15,15,-20},
  {0,15,-15,-15,15,-20},
  {0,0,-15,-15,0,0},
  {0,-15,-15,-15,-15,20},
  {0,-15,0,0,-15,20},
  {0,-15,15,20,-15,20},
  {0,-15,15,15,-15,20},
  {0,0,15,15,0,0},
  {0,0,0,0,0,0}};

// Left Turn_Step
int l_s[9][6]={
  {0,0,0,0,0,0},
  {0,0,10,15,0,0},
  {0,0,15,15,0,0},
  {-20,15,15,15,-15,-20},
  {-20,15,0,0,-15,-20},
  {-20,15,-15,-10,-15,-20},
  {-20,15,-15,-15,-15,-20},
  {0,0,-15,-15,0,0},
  {0,0,0,0,0,0}};

// Right Turn Step
int r_s[9][6]={
```

```
  {0,0,0,0,0,0},
  {0,0,-15,-10,0,0},
  {0,0,-15,-15,0,0},
  {-20,15,-15,-15,-15,-20},
  {-20,15,0,0,-15,-20},
  {-20,15,10,15,-15,-20},
  {-20,15,15,15,-15,-20},
  {0,0,15,15,0,0},
  {0,0,0,0,0,0}};

// Right Arm
int r_a[7][6]={
  {0,0,0,0,0,0},
  {80,0,0,0,0,0},
  {0,0,0,0,0,0},
  {80,0,0,0,0,0},
  {0,0,0,0,0,0},
  {80,0,0,0,0,0},
  {0,0,0,0,0,0}};

// Left Arm
int l_a[7][6]={
  {0,0,0,0,0,0},
  {0,0,0,0,0,-80},
  {0,0,0,0,0,0},
  {0,0,0,0,0,-80},
  {0,0,0,0,0,0},
  {0,0,0,0,0,-80},
  {0,0,0,0,0,0}};
int direction = 0;

void Initial_Value(){  //initial servo angle
  for (int j=0; j <=5 ; j++){
      ang0[j] = angZero[j];
  }
  for (int j=0; j <=5 ; j++){
      ang1[j] = angZero[j];
  }
  servo_set();
}
```

```
void face_clear(){
  for(int i=0; i<25; i++){
    M5.dis.drawpix(i, 0x000000); //black
  }
}

void face_center(){
  M5.dis.drawpix(6, 0x00ff00);  //red
  M5.dis.drawpix(7, 0x00ff00);  //red
  M5.dis.drawpix(8, 0x00ff00);  //red
  M5.dis.drawpix(16, 0x0000ff);  //blue 0x0000ff
  M5.dis.drawpix(18, 0x0000ff);  //blue 0x0000ff
}

void face_right(){
  face_clear();
  M5.dis.drawpix(7, 0x00ff00);  //red
  M5.dis.drawpix(8, 0x00ff00);  //red
  M5.dis.drawpix(9, 0x00ff00);  //red
  M5.dis.drawpix(17, 0x0000ff);  //blue 0x0000ff
  M5.dis.drawpix(19, 0x0000ff);  //blue 0x0000ff
}

void face_left(){
  face_clear();
  M5.dis.drawpix(5, 0x00ff00);  //red
  M5.dis.drawpix(6, 0x00ff00);  //red
  M5.dis.drawpix(7, 0x00ff00);  //red
  M5.dis.drawpix(15, 0x0000ff);  //blue 0x0000ff
  M5.dis.drawpix(17, 0x0000ff);  //blue 0x0000ff
}

void Srv_drive(int srv_CH,int SrvAng){
  SrvAng = map(SrvAng, cont_min, cont_max, pulseMIN,
pulseMAX);
  ledcWrite(srv_CH, SrvAng);
}
void servo_set(){
  int a[6],b[6];

  for (int j=0; j <=5 ; j++){
```

```
      a[j] = ang1[j] - ang0[j];
      b[j] = ang0[j];
      ang0[j] = ang1[j];
  }

  for (int k=0; k <=td ; k++){

      Srv_drive(srv_CH0, a[0]*float(k)/td+b[0]);
      Srv_drive(srv_CH1, a[1]*float(k)/td+b[1]);
      Srv_drive(srv_CH2, a[2]*float(k)/td+b[2]);
      Srv_drive(srv_CH3, a[3]*float(k)/td+b[3]);
      Srv_drive(srv_CH4, a[4]*float(k)/td+b[4]);
      Srv_drive(srv_CH5, a[5]*float(k)/td+b[5]);

      delay(ts/td);
  }
}

BLYNK_WRITE(V0) {
  int x = param.asInt();
  if(x == 1){
    direction = 70;  //forward step
    Serial.println("FWD");
  }
}

BLYNK_WRITE(V1) {
  int x = param.asInt();
  if(x == 1){
    direction = 66;  //Back step
    Serial.println("BACK");
  }
}

BLYNK_WRITE(V2) {
  int x = param.asInt();
  if(x == 1){
    direction = 76;  //Left turn step
    Serial.println("LEFT STEP");
  }
}
```

```
BLYNK_WRITE(V3) {
  int x = param.asInt();
  if(x == 1){
    direction = 82;  //Right turn step
    Serial.println("Right STEP");
  }
}

BLYNK_WRITE(V4) {
  int x = param.asInt();
  if(x == 1){
    direction = 77;  //Right Arm
    Serial.println("RIGHT ARM");
  }
}

BLYNK_WRITE(V5) {
  int x = param.asInt();
  if(x == 1){
    direction = 72;  //Left Arm
  Serial.println("LEFT ARM");
  }
}

void setup() {
  M5.begin(true, false, true);

  Blynk.setDeviceName("Blynk");
  Blynk.begin(auth);

  pinMode(Srv0, OUTPUT);
  pinMode(Srv1, OUTPUT);
  pinMode(Srv2, OUTPUT);
  pinMode(Srv3, OUTPUT);
  pinMode(Srv4, OUTPUT);
  pinMode(Srv5, OUTPUT)

  //モータのPWMのチャンネル、周波数の設定
  ledcSetup(srv_CH0, PWM_Hz, PWM_level);
  ledcSetup(srv_CH1, PWM_Hz, PWM_level);
  ledcSetup(srv_CH2, PWM_Hz, PWM_level);
```

```
  ledcSetup(srv_CH3, PWM_Hz, PWM_level);
  ledcSetup(srv_CH4, PWM_Hz, PWM_level);
  ledcSetup(srv_CH5, PWM_Hz, PWM_level);
//モータのピンとチャンネルの設定
  ledcAttachPin(Srv0, srv_CH0);
  ledcAttachPin(Srv1, srv_CH1);
  ledcAttachPin(Srv2, srv_CH2);
  ledcAttachPin(Srv3, srv_CH3);
  ledcAttachPin(Srv4, srv_CH4);
  ledcAttachPin(Srv5, srv_CH5);

  face_center();

  Initial_Value();
}

void loop() {
  M5.update();
  Blynk.run();
  if ( M5.Btn.wasReleased() ) {
    Initial_Value();
  }

  switch (direction) {
    case 70: // F FWD
      forward_step();
    break;
    case 76: // L LEFT
      left_step();
    break;
    case 82: // R Right
      right_step();
    break;
    case 66: // B Back
      back_step();
    break;
    case 72: // H Left Arm
      left_arm();
    break;
    case 77: // M Right Arm
      right_arm();
```

```
    break;
  }
}
void forward_step()
{
  for (int i=0; i <=18 ; i++){
    for (int j=0; j <=5 ; j++){
      ang1[j] = angZero[j] + f_s[i][j];
    }
  servo_set();
  }
  direction = 0;
}

void back_step()
{
  for (int i=0; i <=18 ; i++){
    for (int j=0; j <=5 ; j++){
      ang1[j] = angZero[j] + b_s[i][j];
    }
  servo_set();
  }
  direction = 0;
}

void right_step()
{
  face_right();
  for (int i=0; i <=8 ; i++){
    for (int j=0; j <=5 ; j++){
      ang1[j] = angZero[j] + r_s[i][j];
    }
  servo_set();
  }
  face_clear();
  face_center();
  direction = 0;
}

void left_step()
{
```

```
  face_left();
  for (int i=0; i <=8 ; i++){
    for (int j=0; j <=5 ; j++){
      ang1[j] = angZero[j] + l_s[i][j];
    }
  servo_set();
  }
  face_clear();
  face_center();
  direction = 0;
}

void right_arm()
{
  face_right();
  for (int i=0; i <=6 ; i++){
    for (int j=0; j <=5 ; j++){
      ang1[j] = angZero[j] + r_a[i][j];
    }
  servo_set();
  }
  face_clear();
  face_center();
  direction = 0;
}

void left_arm()
{
  face_left();
  for (int i=0; i <=6 ; i++){
    for (int j=0; j <=5 ; j++){
      ang1[j] = angZero[j] + l_a[i][j];
    }
  servo_set();
  }
  face_clear();
  face_center();
  direction = 0;
}
```

4-13 動作確認

「Blynk」のコントローラに合わせて動作することを確認できるはずです。

図4-13-1 前進のモーション

図4-13-2 左上から順に、右回転のモーション、左回転のモーション、右アームのモーション、左アームのモーション

動画も以下で見ることができます。

M5Atomで小さい二足歩行ロボット Blynkを使ってiPhoneでコントロール
https://youtu.be/PnzxjCQiV38

第5章 12軸四脚ロボット

いよいよ最終章です。

これまで作ってきたロボットの製作方法を結集して、12軸の「四脚ロボット」を作ります。

5-1 「12軸四脚ロボット」の概要

コンセプトとしては、米ボストンダイナミクス社の「Spot」や、「Spot」にインスパイアされた、「Spot Micro」に似た「犬型」のロボットを、なるべく低コストに「M5Atom」を使って構築します。

図5-1-1　12軸四脚ロボット

「M5Atom」のもっている機能をなるべく使い、「IMU」や「Wi-Fi」機能を使って制御します。

さらに、「M5Camera」を頭部につけて、「Wi-Fi」経由でPC画面に動画を転送します。

おまけになりますが、ニンテンドーWiiのコントローラを改造して、ロボットをコントロールできるようにします。

そして、これらは「ROS」を使って制御されます。

■特徴

- 12軸四脚ロボット
- メインコントローラ：M5Atom Matrix
- 頭部カメラ：M5Camera
- 超音波距離センサで簡易障害物回避
- ニンテンドーWiiヌンチャクコントローラを改造して「M5Atom Lite」経由で制御
- ROSの適用

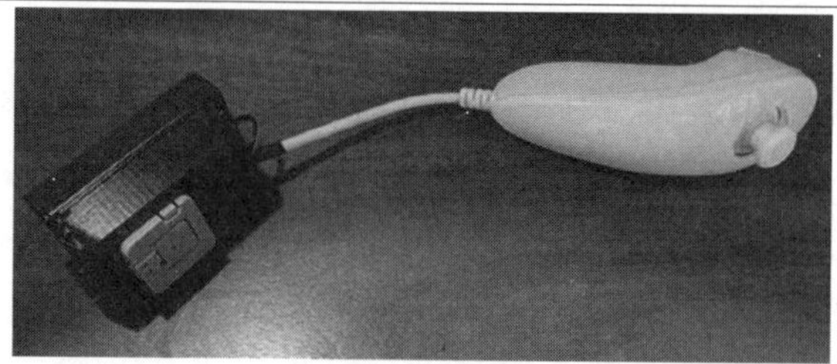

図5-1-2 「Wiiヌンチャク」を使ったコントローラ

5-2 構成

全体のシステム構成は、図のようになっています。

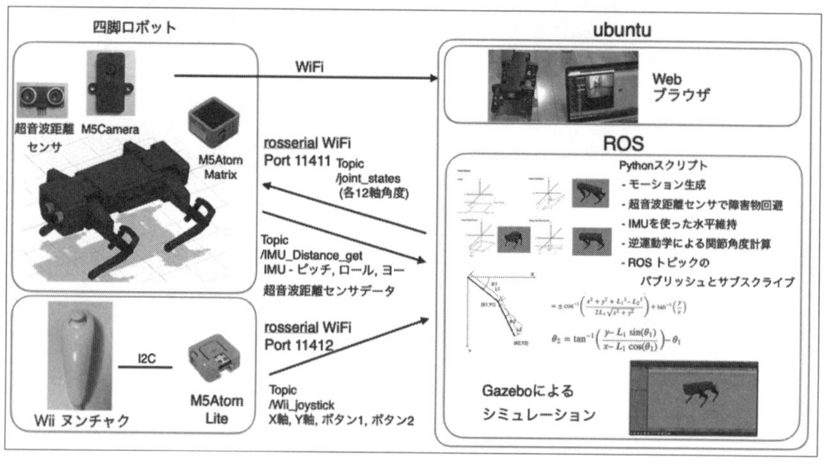

図5-2-1 システム構成図

表5-2-1　必要部品(ロボット本体)

No.	部品名	個数	入手先	単価(参考)
1	M5Atom Matrix	1	スイッチサイエンス	¥1,991
2	M5Camera (EOL)	1	スイッチサイエンス	¥2,035
3	サーボドライバ PCA9685	1	Amazonなど	¥750
4	サーボ TowerPro MG90D [M-13226]	8	秋月電子通商	¥800
5	サーボ TowerPro MG92B [M-13228]	4	秋月電子通商	¥1,080
6	超音波距離センサ HC-SR04 [M-11009]	1	秋月電子通商	¥300
7	DC/DC LXDC55 [K-09982]	1	秋月電子通商	¥500
8	バッテリNiMH 6V	1	Amazonなど	¥1740
9	スライドスイッチ　SS-12F15G6 [P-15708]	1	秋月電子通商	¥30
10	ゴムシャッシャー 外径13 内径6 厚さ4	1	ホームセンターなど	¥30
11	インサートナットM2 L3	56	ヒロスギネット	¥30
12	インサートナットM3 L3	2	ヒロスギネット	¥30
13	M2 L6 キャップスクリュー	8	ウィルコ	¥33
14	M2 L6 スクリュー	86	ヒロスギネット	¥10
15	M2 L8 スクリュー	4	ヒロスギネット	¥10
16	M2 L10 スクリュー	2	ヒロスギネット	¥10
17	M2 L6 タッピングスクリュー	14	ヒロスギネット	¥16
18	M2 L8 タッピングスクリュー	32	ヒロスギネット	¥16
19	M2 ナット	54	ヒロスギネット	¥10

スイッチサイエンス https://www.switch-science.com
秋月電子通商 https://akizukidenshi.com
ヒロスギネット https://www.hirosugi-net.co.jp
ウィルコ　https://wilco.jp

表5-2-2　3Dプリント部品(ロボット本体)

No.	部品名	個数	材質	重量
1	Leg Part 1	2	PLA	6.32g
2	Leg Part 2	2	PLA	6.32g
3	Servo Bracket 1	2	PLA	17.73g
4	Servo Bracket 2	2	PLA	17.73g
5	Servo Bracket 3	4	PLA	9.91g
6	Servo Bracket 4	1	PLA	31.19g
7	Servo Bracket 5	1	PLA	30.65g
8	Box Bottom	1	PLA	13.54g
9	Box Front	1	PLA	5.52g
10	Box Rear	1	PLA	5.52g
11	Box Right	1	PLA	7.72g
12	Box Left	1	PLA	8.39g
13	Servo Horn Link	4	PLA	0.86g
14	Lever	4	PLA	1.44g
15	Spacer	4	PLA	0.11g
16	Plate	1	PLA	5.34g

No.	部品名	個数	材質	重量
17	Stopper	1	PLA	2.19g
18	Head Cover	1	PLA	25.19g
19	Tail Cover	1	PLA	19.94g
20	Body Cover 1	1	PLA	21.35g
21	Body Cover 2	1	PLA	22.75g

表5-2-3　基板部品(ロボット本体)

No.	部品名	個数	入手先	単価(参考)
1	両面スルーホールユニバーサル基板 [P-12978]	1	秋月電子通商	¥35
2	ピンヘッダ　1×40　[C-00167]	1	秋月電子通商	¥35
3	ピンヘッダL字　1×6　[C-05336]	1	秋月電子通商	¥10

秋月電子通商 https://akizukidenshi.com

表5-2-4　材料(ロボット本体)

No.	部品名	個数	入手先	価格(参考)
1	ワイヤー	1	秋月電子通商	数百円
2	真鍮パイプ外径φ3	1	ホームセンターなど	約500円

5-3 「サーボ」の選定

「サーボ」はかなりの種類があります。

今回は、パルスで制御するタイプの安価な「サーボ」を用いますが、その中でもよく使用されるSG90系のマイクロサーボが人気です。

SG90系でも、TowerPro製やFEETECH製の他、Amazonで入手可能な安価なものもあります。

ロボットで使う場合は、歩行を安定させるために、充分なトルクと耐久性のあるギアが必要です。

表5-3-1　代表的なSG90系サーボの比較

型式	FS90	SG90	SG92R	MG90D	MG92B
メーカ	FEETECH	TowerPro	TowerPro	TowerPro	TowerPro
外観					
トルク	1.3kgcm@4.8V 1.5kgcm@6V	1.8kgfcm@4.8V	2.5kgfcm@4.8V	2.1kgcm@4.8V 2.4kgcm@6.6V	3.1kgcm@5V 3.5kgcm@6V
ギア	樹脂	樹脂	樹脂	メタル	メタル
A寸法	14	13.3	13.3	13	13
B寸法	15.7	16	16	18.6	20.6
C寸法	27.7	27.8	27.8	27.6	27.6
価格（参考）	¥360	¥440	¥500	¥880	¥1,080

備考）寸法は実測と推定。
正確にはデータシートの参照または実測をお勧めします。

＊

今回のロボットは、根本から3番目のサーボがいちばんトルクが必要となります。

たとえば総重量が730g程度で、同時に2脚で接地すると考えると、単純計算で2.56kg/cmのトルクが必要です。

さらに、動的に駆動させる場合にはトルクが必要になります。

いろいろ試したところ「MG92B」を6Vで駆動させてようやく安定して動作

することが分かりました。

ただし根本から1番目、2番目については一つ下の「MG90D」でも問題ありませんでした。

なるべく安価に製作したいということもあるので、2種類のサーボで使い分けることにします。

この選択でも3番目のサーボはまあまあ加熱します。

長くは駆動させないことをお勧めします。

よりトルクの高いサーボを選択したいところですが、サイズが大きくなるなど背反もあるので、今回は「MG92B」が最善と考えています。

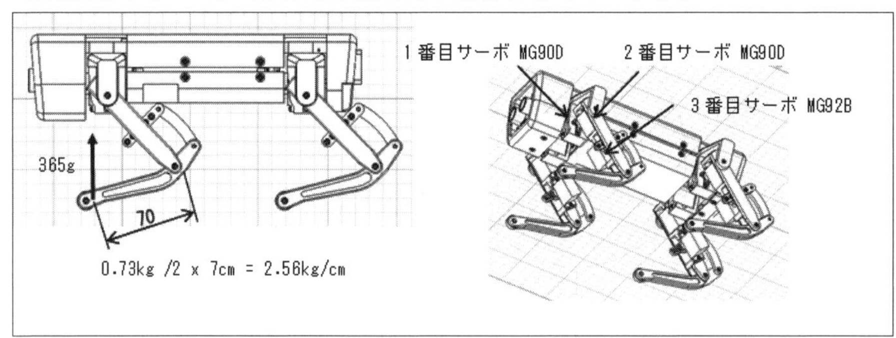

図5-3-1　サーボにかかるトルクの簡易計算(左)、各関節のサーボの種類(右)

「歩行ロボット」の場合、「メタルギア」を使うことも重要なポイントです。

「樹脂製のギア」の場合、歩行させていると“パキパキ”とギアが欠けることが多々あります。

破損のたびに交換するのは、気持ちの上でもストレスとなるので、多少コストが上がっても「メタルギア」を選択したほうがいいと思います。

5-4 サーボドライバ「PCA9685」

第4章では「**M5Atom**」で6個のサーボを駆動しましたが、12個のサーボは動かせません。

そこで今回は「**PCA9685**」という「PWMドライバ基板」を使います。

このデバイスは最大16個のサーボを接続できます。

「**PCA9685**」はAmazonで類似品が入手可能です。

ただし、「取り付け穴ピッチ」や「基板の大きさ」が微妙に異なるものがあるので、実際の寸法を測って設計することをお勧めします。

図5-4-1　PCA9685サーボドライバ基板

■I2C通信

「**PCA9685**」は、「I2C形式」で「M5Atom」と通信します。

「**I2C**」はフィリップス社が提唱する通信インターフェイスで、クロックに同期させてデータの通信を行なう「**同期式シリアル通信**」の一つ。

「クロック」(SCL)、「データ入出力」(SDA)の2本の信号線で通信します。

それぞれの信号線には「プルアップ抵抗」を接続します。

そして、通信をする場合には「マスター側」から「スレーブ側」に対して送信や受信の指示をし、「マスター」1つに対し「スレーブ」は複数接続できます。

今回の場合、「M5Atom」が「マスター」、「**PCA9685**」が「スレーブ」(デフォルトのアドレス「0x40」)になります。

プルアップも「M5Atom」内のプルアップを使うため、省略できます(使用方法の詳細はスケッチの項目で説明します)。

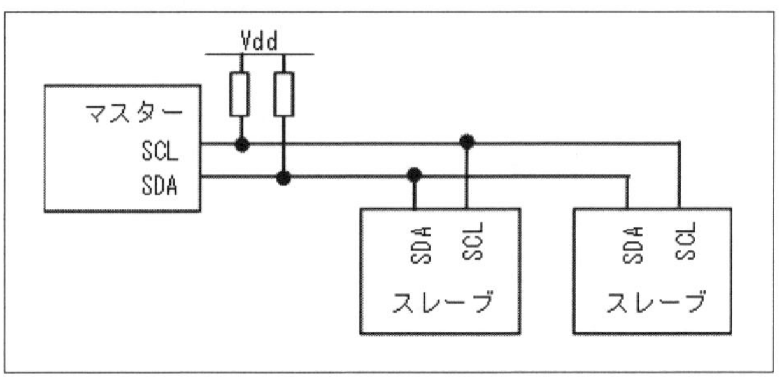

図5-4-2　I2C概要

5-5　電池の話

これまで**第3章**、**第4章**では、「アルカリ電池」(いわゆる「乾電池」)で充分にロボットを駆動できました。

しかしながら、**本章**のようにサーボの数も増え、歩行時の負荷が増えると、電流が必要になるため、内部抵抗の大きい「アルカリ電池」では充分に電流が流せません。

この場合、内部抵抗の小さい「ニッケル水素電池」や「リチウムイオン電池」など、「放電レート」が高い電池を使うといいでしょう。

図5-5-1　6Vニッケル水素電池(左)、リチウムイオン電池18650(右)

ただし、「リチウムイオン電池」は容量が大きく「放電レート」も高い反面、「過充電」や「過放電」時の発熱で、最悪の場合は発火することもあるので、「保護回路」が必要です。

「リチウムイオン電池」を使う場合は、ある程度の安全に使うための知識を得てから使う必要があります。

図5-5-2　充放電保護基板

今回は、比較的安全な「ニッケル水素電池」を使うことにします。

また、「サーボ」の定格に合わせて、6Vのラジコン送受信用の「バッテリ」を使うことにしました。

「ニッケル水素電池」は、単セルの場合は公称電圧1.2Vで、6Vの場合は5個のセルを直列に接続しています。

5-6　DC-DCコンバータ

「サーボ」への電力供給は、「ニッケル水素電池」からダイレクトに接続することで電流を確保しますが、「M5Atom」や「M5Camera」へは5Vで電力供給する必要があるので、「DC-DCコンバータ」を用います。

「6Vニッケル水素電池」は、満充電時は「約7V」になっています。

さらにロボットの歩行時は、「サーボ」は負荷を受けるため、瞬間的に電圧が低下します。

このような変動を受けても、安定してマイコン用の電圧を供給させるのも、「DC-DCコンバータ」の役目となります。

また、今回の場合、並列で「M5Atom」と「M5Camera」、そして「PCA9685サーボドライバ」や「超音波距離センサ」を動作させるため、ある程度電流が流せるタイプが望ましいです。

＊

さらに、実は「M5Atom」は「5V」のポートに「5V」を印加すると「Wi-Fiの有効距離」が極端に短くなるという問題があります。

あえて「5Vポート」に「4V」程度に落として印可すると、比較的に「Wi-Fi」が安定するため、「DC-DCコンバータ」も出力電圧を調整できるタイプが良いでしょう。

「5Vポート」に「4V」を印加しても「M5Atom」内部には「降圧DC-DCコンバータ」があり、「ESP32」は3.3Vで駆動できるため、問題ないようです。

これまで条件を満足させるものとして、秋月電子通商の「**LXDC55 DC-DCコンバータキット 可変出力タイプ**」を選択しました。

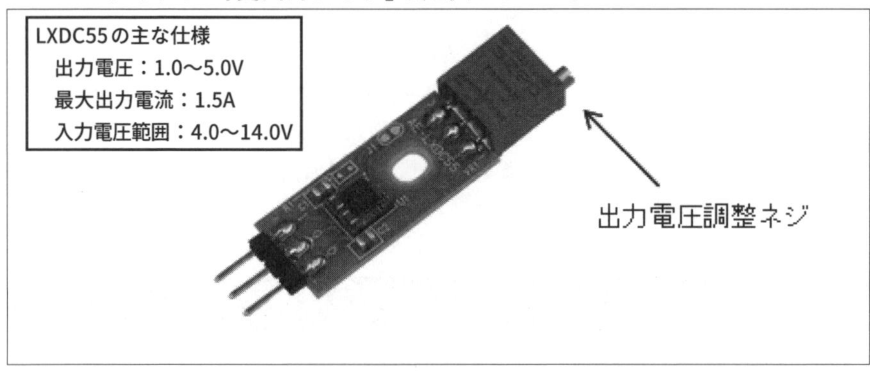

図5-6-1　LXDC55 DC-DCコンバータキット 可変出力タイプ

5-7 結線

各デバイスの結線は、以下のようになっています。

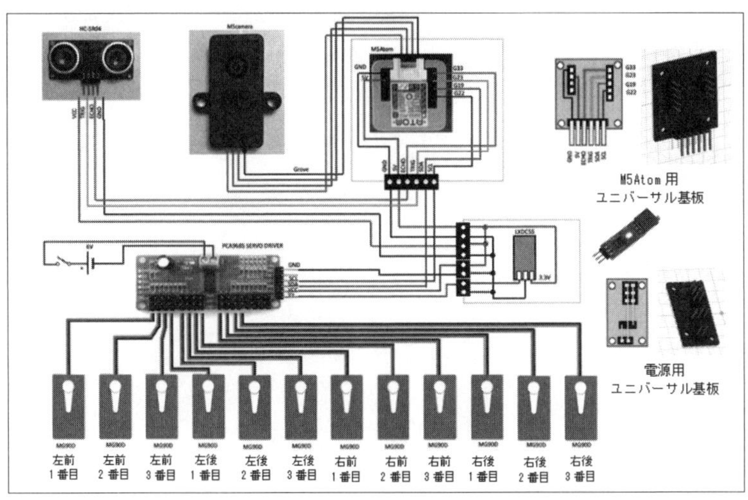

図5-7-1　結線図

5-8 「Fusion360」による「3D設計」と「3Dプリント」

構造物の設計は**第4章**と同様に「Fusion360」で設計して「3Dプリンタ」で印刷します。

3Dプリント用のSTLを以下に置きましたので、ダウンロードしてみてください。

https://github/RoboTakao/M5Atom_walking_robo.git

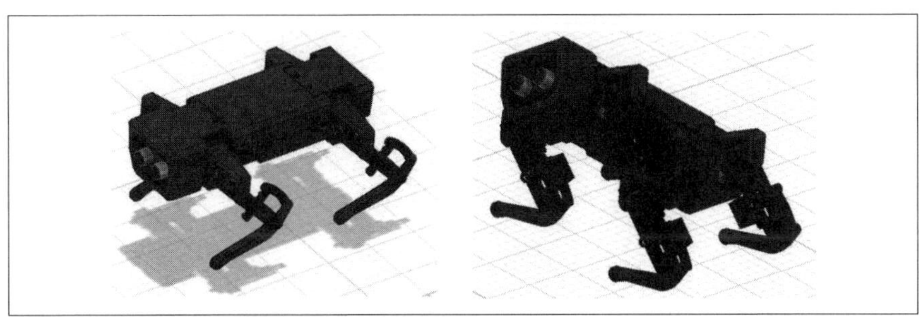

図5-8-1　3Dプリント用のデータ

5-9 組み立て

「3Dプリント部品」を印刷したら、組み立てです。

■脚(下側)の組み立て

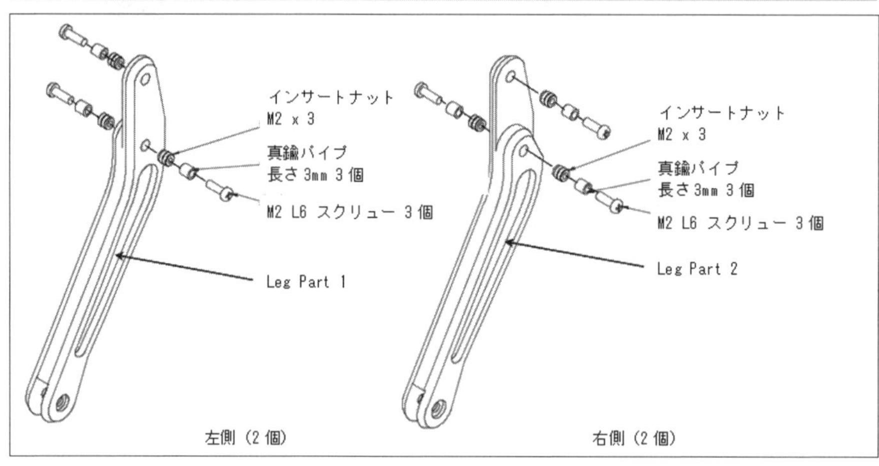

図5-9-1　脚(下側)

■脚(中央)の組み立て(4個)

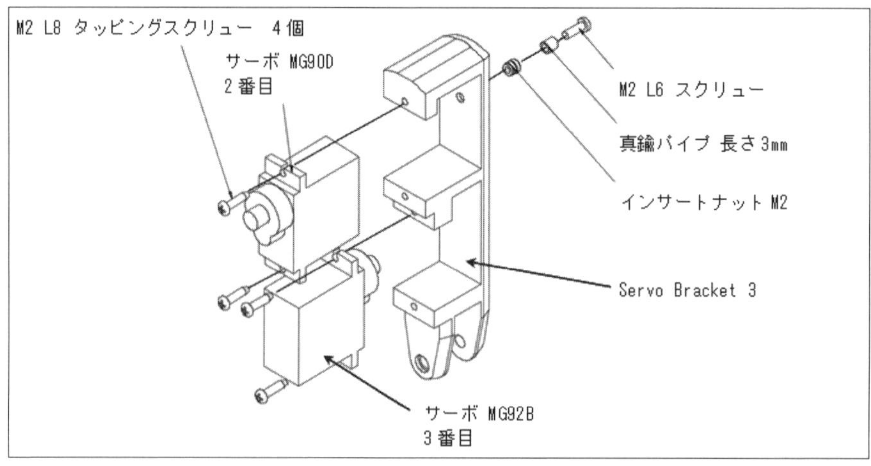

図5-9-2　脚(中央)

■脚(上側)の組み立て

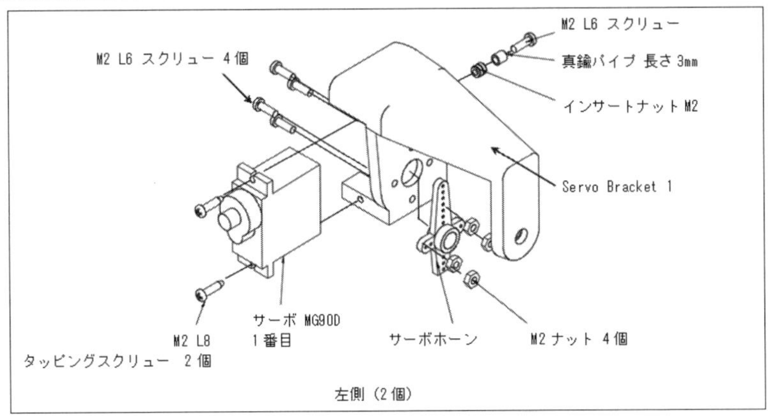

図5-9-3 脚(上側)

■リンクの組み立て(4個)

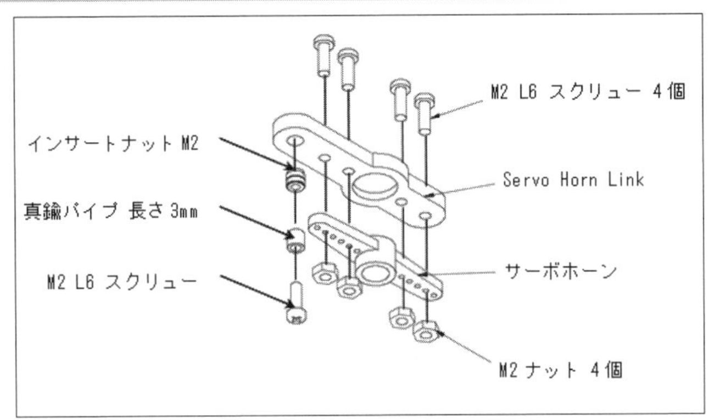

図5-9-4 リンク

■脚アッセンブリ左側の組み立て(2個)

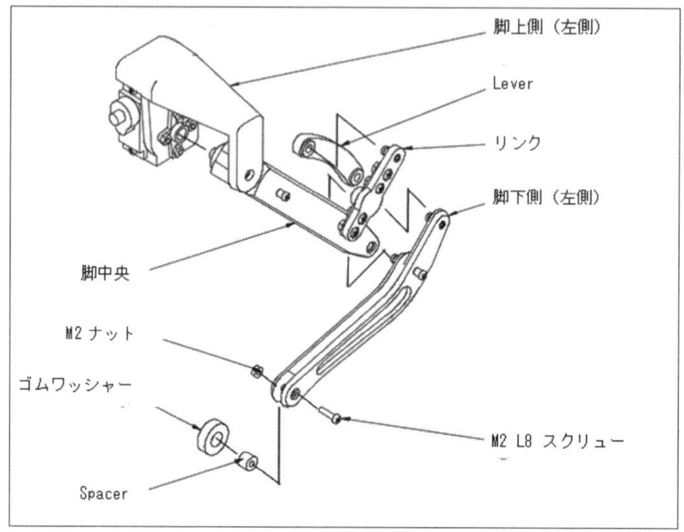

図5-9-5　脚アッセンブリ左側

■脚アッセンブリ右側の組み立て(2個)

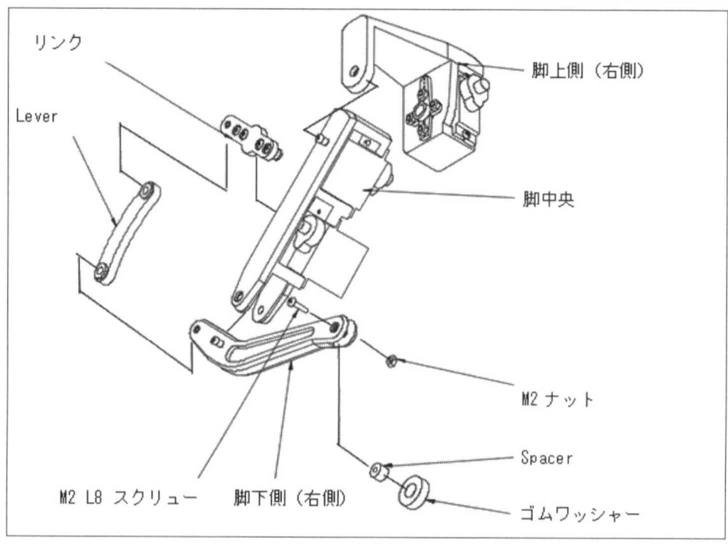

図5-9-6　脚アッセンブリ右側

■「前後ブラケット」の組み立て

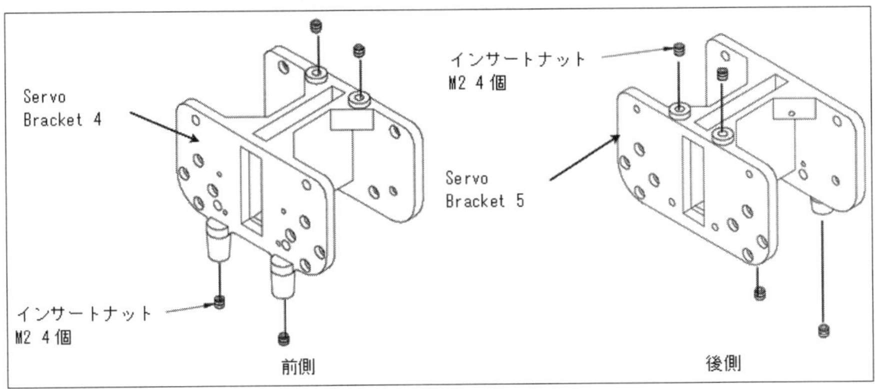

図5-9-7　前後ブラケット

■「ボディボックス」の組み立て

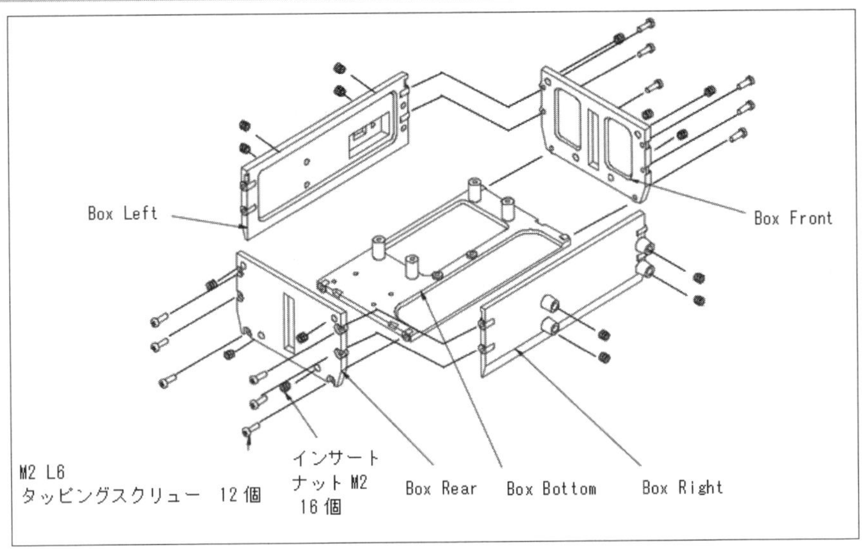

図5-9-8　ボディボックス

■脚の「前後ブラケット」への組み付け

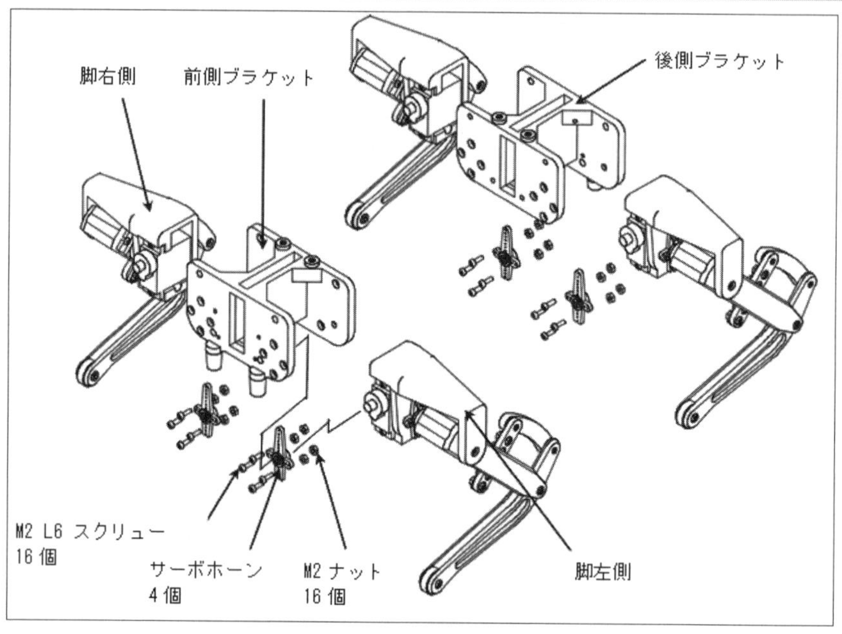

図5-9-9 「前後ブラケット」への組み付け

■「ボディボックス」内の組み立て

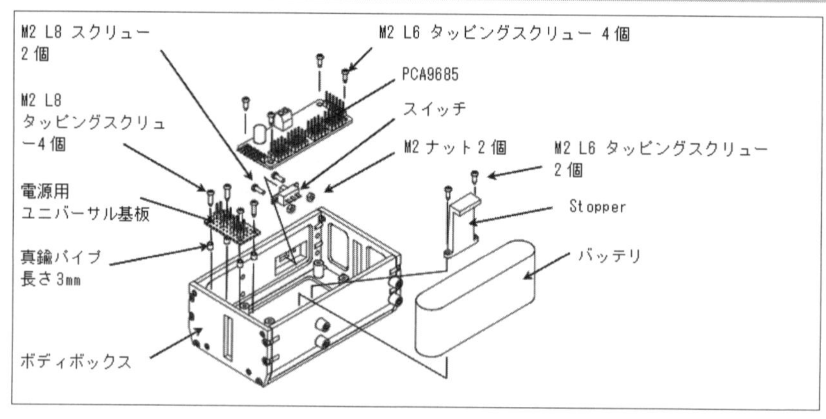

図5-9-10 「ボディボックス」内の組み立て

■「前後ブラケット」の「ボディボックス」への取り付け

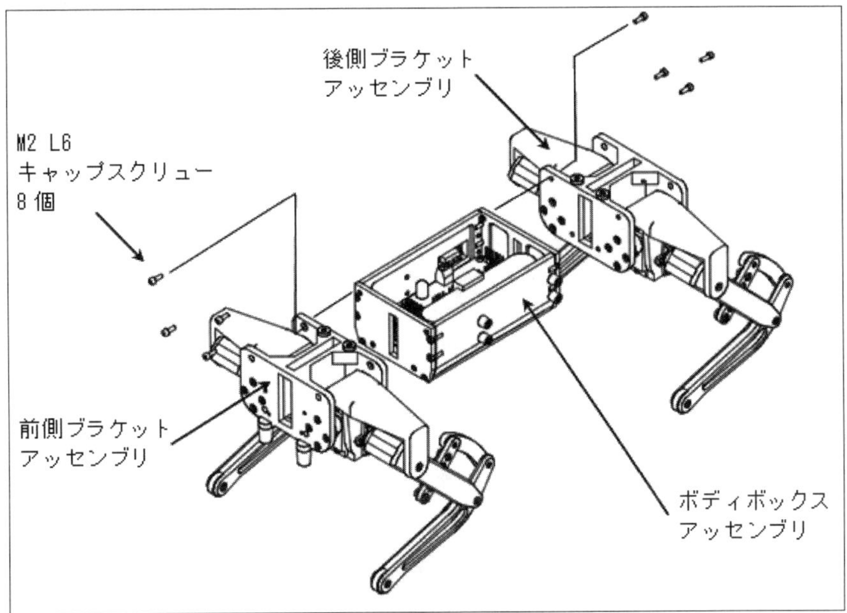

図5-9-11 「前後ブラケット」の「ボディボックス」への取り付け

■「センサ・ブラケット」の組み立て

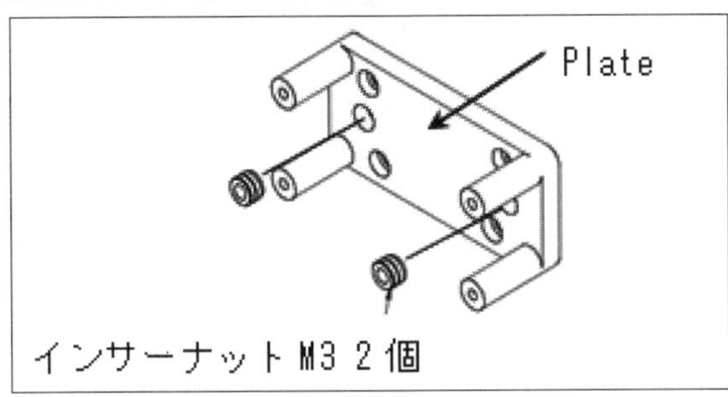

図5-9-12 センサ・ブラケット

■各種デバイスの取り付け

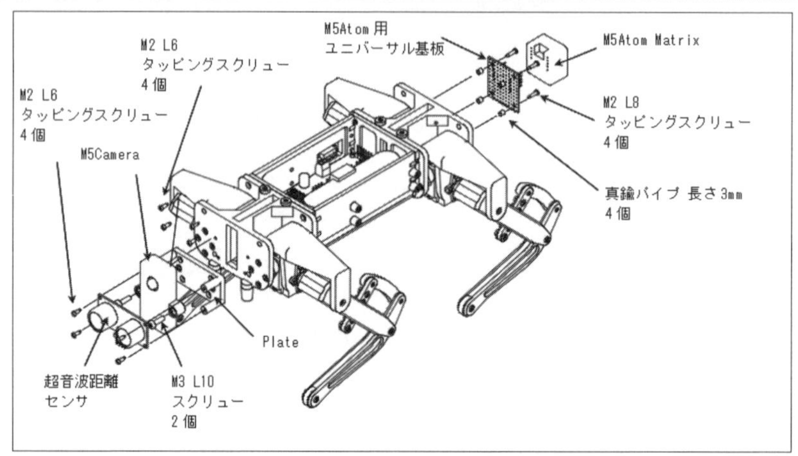

図5-9-13 各種デバイスの取り付け

■配線の様子

手 順 配線

[1]「DC-DC コンバータ」を取り付ける。

図5-9-14 「DC-DCコンバータ」の取り付け

[2]「サーボ」の配線はブラケットの穴を通す。

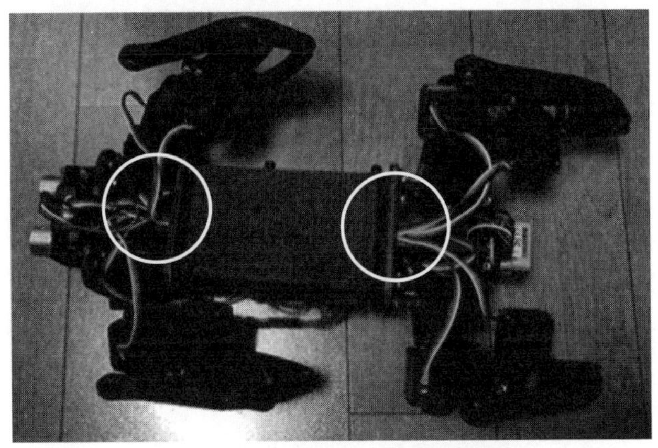

図5-9-15　ブラケットの穴を通す

[3] サーボの配線で一杯になるので、テープで配線を仮止めする。

図5-9-16　一杯になったケーブル

図5-9-17 テープで仮止め

[4]「超音波センサ」側を、図のように配線する。

図5-9-18 「超音波センサ」側の配線

[5]「M5Atom」側も、図のように配線する。

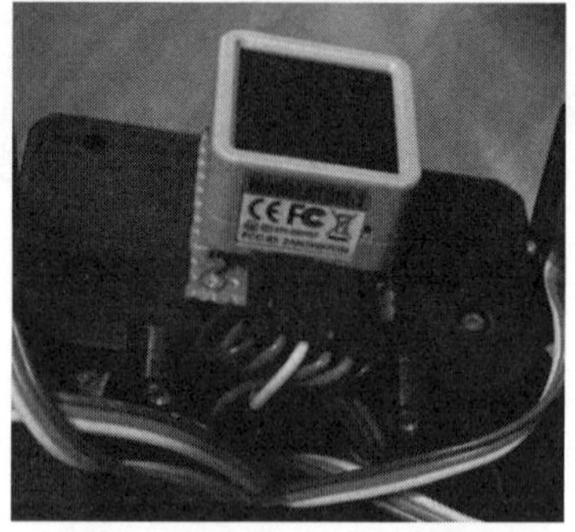

図5-9-19 「M5Atom」側の配線

■カバーの取り付け

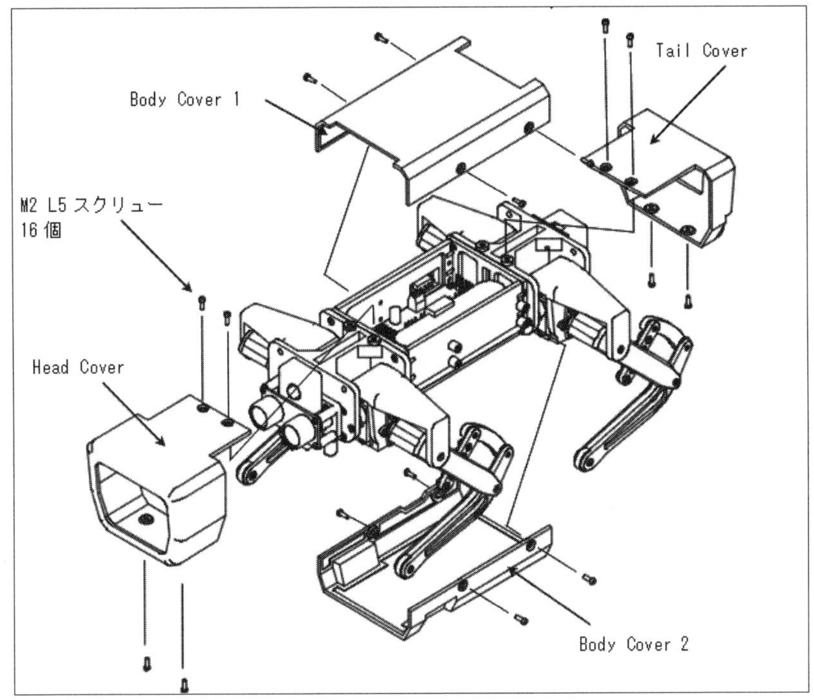

図5-9-20 カバーの取り付け

これで、ロボット側のハードは完成です。

図5-9-21 完成したロボットの機体

5-10 「Wiiヌンチャク」を使ったコントローラ

今回は中古で買った「Wiiヌンチャク」(コントローラ)と「M5Atom Lite」を接続してコントローラを作ります。

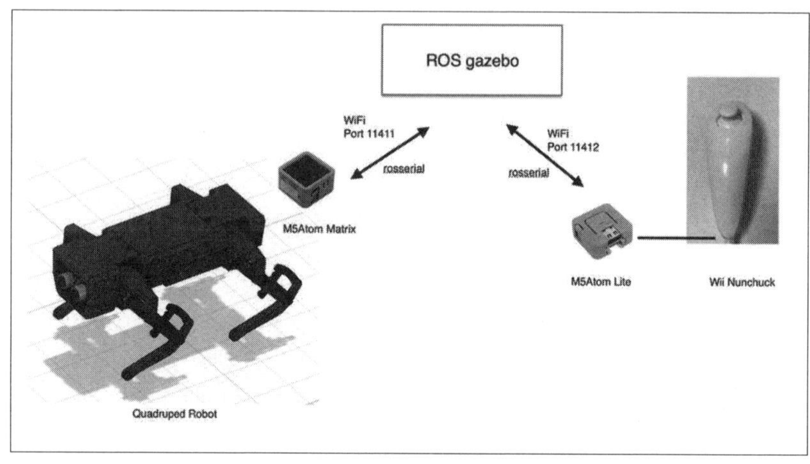

図5-10-1 コントローラのシステム構成図

「Wiiヌンチャク」と「M5Atom Lite」の間はI2C接続し、「M5Atom Lite」と「ROS」の間は、「Wi-Fi」経由で「Rosserial」で接続します。

表5-10-1 必要部品(コントローラ)

No.	部品名	個 数	入手先	単価(参考)
1	「M5Atom」Lite	1	スイッチサイエンス	¥1,287
2	Wii ヌンチャク	1	中古ショップなど	-
3	M2 L6 タッピングスクリュー	8	ヒロスギネット	¥16

スイッチサイエンス https://www.switch-science.com
ヒロスギネット https://www.hirosugi-net.co.jp

表5-10-2 3Dプリント部品(コントローラ)

No.	部品名	個 数	材 質	重 量
1	Wii Case 1	1	PLA	5.36g
2	Wii Case 2	1	PLA	6.62g

表5-10-3　基板部品(コントローラ)

No.	部品名	個　数	入手先	単価(参考)
1	両面スルーホールユニバーサル基板 [P-12978]	1	秋月電子通商	¥35
2	ピンヘッダ　1×40　[C-00167]	1	秋月電子通商	¥35
3	ピンヘッダL字　1×6 [C-05336]	1	秋月電子通商	¥10

秋月電子通商 https://akizukidenshi.com

■構成と結線

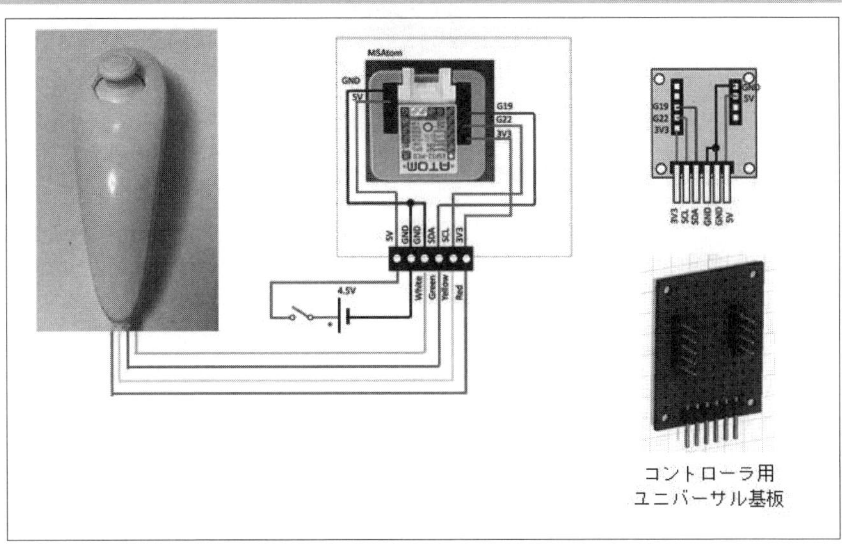

図5-10-2　コントローラの構成および結線図

■コントローラの組み立て

これでハードは完成です。

「M5Atom」用のスケッチについては、後ほど説明します。

図5-10-3 完成したコントローラ

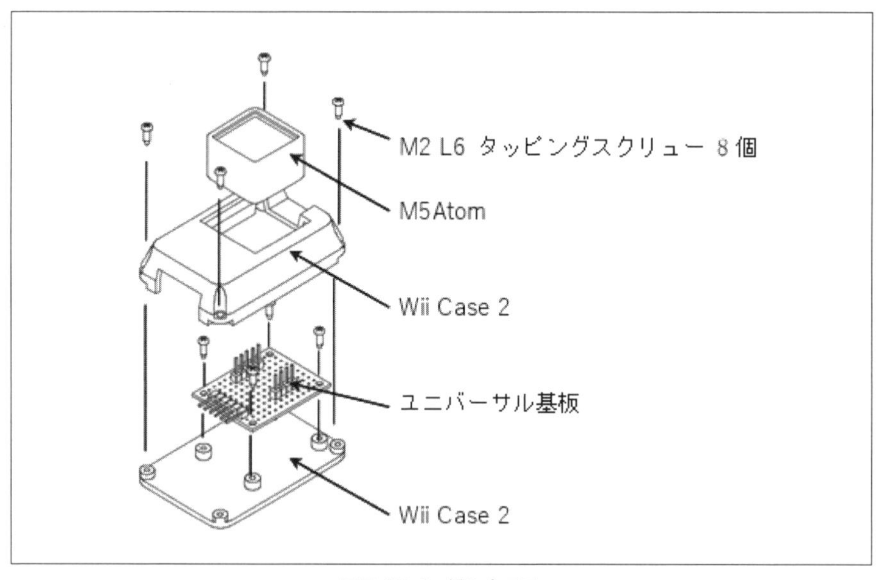

図5-10-4 組み立て図

5-11 「IMU」を使う

「IMU」(Inertial Measurement Unit)とは、「加速度センサ」と「ジャイロ」により「加速度」「角速度」を計測するデバイスです。

「M5Atom Matrix」は「IMU」として6軸センサ「MPU6886」を搭載しています。

このセンサを利用してロボットの姿勢を検出し、ロボットの動作に反映させることを考えます。

たとえば、今回は床面を傾けても水平を維持する制御を織り込みたいと思います。

センサにより、「加速度」と「角速度」それぞれからロボットの姿勢、つまりX、Y、Z軸に対する角度を計算できます。

ただし、ノイズの影響を受けて計測結果に誤差を含みます。

それぞれノイズに対する誤差の影響が異なるため、2つの計測値から算出する方法が取られます。

■「加速度」からの角度計算

地球には鉛直下向きに1Gの「重力加速度」が働いています。

この「重力加速度」を利用して姿勢を計算できます。

たとえば、X軸の「回転角度θx」を計測したい場合は、Y軸の「重力加速度計測値」(図のaccY)とZ軸の「重力加速度計測値」(図のaccZ)から以下のように計算できます。

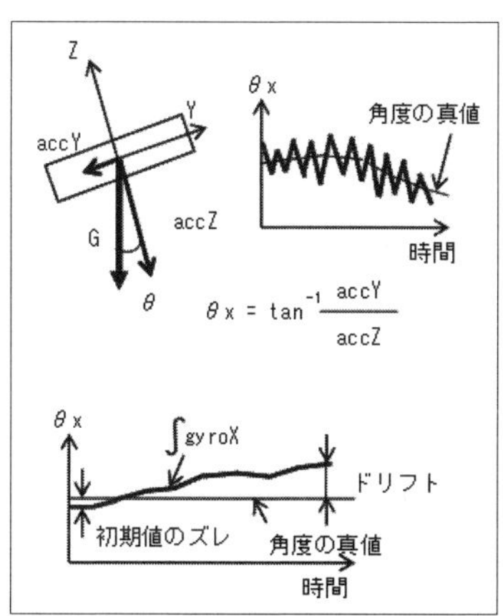

図5-11-1　水平を維持する制御

しかしながら、電気的な「ノイズ」やロボットの運動時にかかる「慣性による加速度」で、多くの誤差を含んでいます。

「ノイズ」の除去には「ローパス・フィルタ」を使う方法もありますが、「位相遅れ」を生じて、リアルタイムに計測しにくいという場合が有ります。

■「角速度」からの角度計算

「ジャイロ」は、その瞬間の「角速度」を計測できます。

「角速度」は角度の微分なので、積分することで「角度」を計算できます。

しかしながら、計測の初期状態は、計測が安定していなかったり、「電気的なノイズ」を拾ったりすると、「積分した角度データ」は時間が経つにつれて、じわじわと計測値がズレていきます(ドリフト)。

■「標準ライブラリ」の利用

「M5Atom」用のライブラリである「M5Atom.h」には「MPU6886」から角度データを読み出すコマンドである「getAhrsData」が含まれています。

このコマンドは「相補フィルタ」の一種である「Madgwickフィルタ」で「加速度」と「角速度」から計算されているようです。

ただし、Z軸回転(Yaw回転)は「加速度」からの計算値がなく、ジャイロのデータのみとなるため、ドリフトを抑えることができません。

しかしながら、今回はロボットの水平維持制御のみ行なうので、問題ありません。

スケッチ上での表記

```
M5.IMU.getAhrsData(&pitch, &roll, &yaw);
```

図5-11-2 getAhrsData

実際のスケッチは、後ほど説明します。

5-12 「超音波距離センサ」を使う

今回のロボットは頭部に「超音波距離センサ」の「HC-SR04」を使います。
このセンサで簡易的に障害物回避を行ないたいと思います。

主要な仕様

電源電圧 5V
信号出力 0〜5V
センサ角度 15度以下
測定可能距離 2〜400cm
分解能 0.3cm

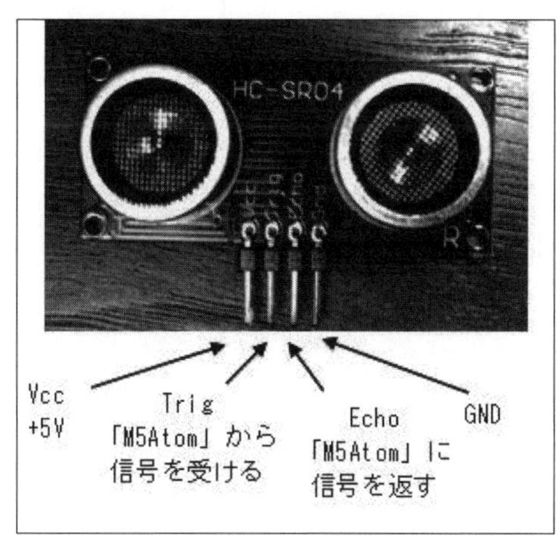

図5-12-1　超音波距離センサの「HC-SR04」

■センサの原理

図5-12-2のように、「Arduino」から10μsのパルスを「Trigピン」に与えると、センサからは計測対象に8回ほど超音波を発します。

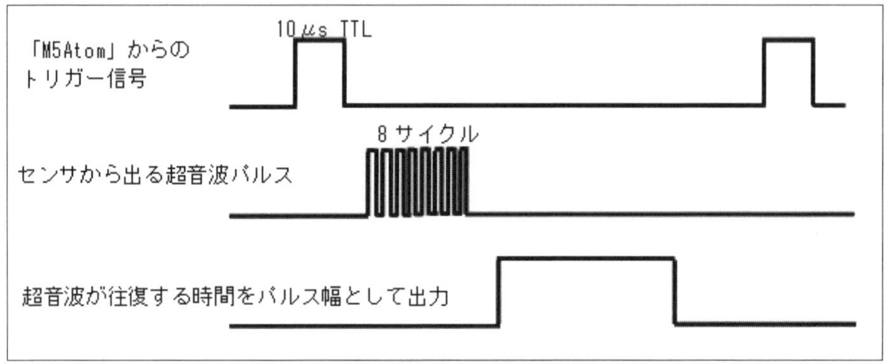

図5-12-2　センサの原理

超音波は計測対象にぶつかると反射して戻ってきます。

センサはこの時間を計ることで距離を計測しています。

センサからはパルス幅として「M5Atom」にデータを送ります。

計測値はこのパルス幅に対して次のような式で計算されます（気温25℃を想定）。

距離（cm）= パルス幅 × 1/2 × 346.5 × 100 × 1/1000000 = パルス幅 / 58.8

実際のスケッチは、後ほど説明します。

5-13 ソフトウェア

ここではロボットを制御する「M5Atom」用スケッチとPC側のROS関連コード、そしてWiiコントローラ用の「M5Atom」スケッチとROS関連コードを説明します。

各「サンプル・コード」は下記からダウンロードできます。

https://github/RoboTakao/M5Atom_walking_robo.git

「~/robotakao_ws/src」の下に展開してください。

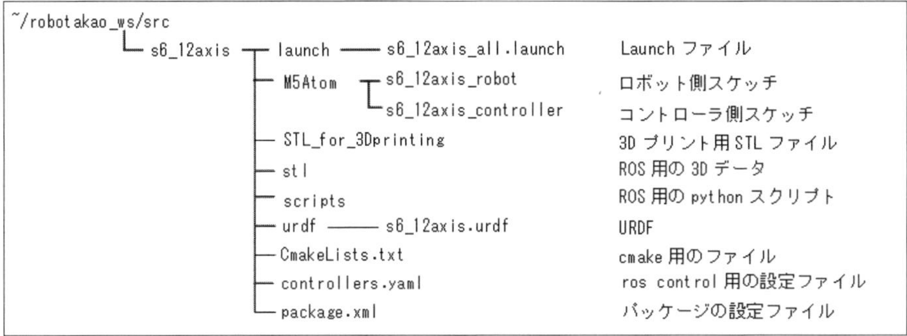

図5-13-1 サンプル・コード

■「M5Atom Matrix」(ロボット側)のスケッチ

スケッチは、大きくは以下の部分で構成されています。

ファイル名：s6_12axis_robot.ino

説明のため、順序の変更や省略を行なっています。
詳細は実際のスケッチを参照してください。

・「Wi-Fi」による接続
・PCA9685によるサーボ制御
・IMUによる角度検出
・超音波センサによる距離計測
・「センサ・データ」のパブリッシュ
・ROSからの各関節指令角のサブスクライブ

■ヘッダのインクルード

```
#include <ros.h>        //ros用のヘッダ
#include <std_msgs/Int32MultiArray.h>  //IMUと超音波センサ送信トピック用ヘッダ
#include <sensor_msgs/JointState.h>    //JointStateのヘッダ
```

■「Wi-Fi」による接続

「Wi-Fi」経由で「Rosserial」を利用して「ROS」と接続するために、「Wi-Fi」の設定をします。

```
#include <Wi-Fi.h>                          //Wi-Fiのヘッダー
ros::NodeHandle_<Wi-FiHardware> nh;     //rosのノードハンドラをWi-Fi設定で生成
const char* ssid = "XXXXXXXXXXXXXXXX";  //Wi-FiのSSIDの指定
const char* password = "XXXXXXXXXXXXXXXXX";  //Wi-Fiのパスワードを入力
Wi-FiClient client;          //Wi-Fiクライアントをclientとして生成
IPAddress server(192, 168, XX, XX);    //PC側のIPアドレス指定
```

●「Ros」で「Wi-Fi」を使うクラス定義

```
class Wi-FiHardware {
  public:
    Wi-FiHardware() {};
    void init() {
      client.connect(server, 11411);  //Wi-Fi経由でrosserialを使う場合のポート
    }    //wii ヌンチャク用は11412を指定して区別する
    int read() {
      return client.read();
    }
    void write(uint8_t* data, int length) {
      for (int i = 0; i < length; i++)
        client.write(data[i]);
    }
```

```
    unsigned long time() {
      return millis(); // easy; did this one for you
    }
};
```

●「Wi-Fi」をセットアップする関数

```
void setupWi-Fi() {
  Wi-Fi.begin(ssid, password);
  Serial.print("¥nConnecting to "); Serial.println(ssid);
  uint8_t i = 0;
  while (Wi-Fi.status() != WL_CONNECTED && i++ < 20)
delay(500);
  if (i == 21) {
    Serial.print("Could not connect to"); Serial.
println(ssid);
    while (1) delay(500);
  }
  Serial.print("Ready! Use ");
  Serial.print(Wi-Fi.localIP());
  Serial.println(" to access client");
}
```

「void setup()」内で、

```
setupWi-Fi();
```

■「PCA9685」によるサーボ制御

「M5Atom」にI2C経由で「PCA9685」を接続して「サーボ」を制御します。

今回は秋月電子通商のライブラリを使いました。

以下からダウンロードできます。

https://akizukidenshi.com/download/ds/akizuki/PCA9685.zip

スケッチ→ライブラリをインクルード→.ZIP形式のライブラリをインストール。

```
#include <Wire.h>         // I2C 設定
#include <PCA9685.h>      //PCA9685用のヘッダ
                          //今回は秋月電子通商のライブラリ使用
PCA9685 pwm = PCA9685(0x40);     //PCA9685のI2Cアドレス指定
```

パルス幅設定値 = PWM周波数(Hz) x 2^12(bit) x PWM時間(μs) / 10^6

```
#define SERVOMIN 102    //最小パルス幅 (12bit 500μs)
#define SERVOMAX 512    //最大パルス幅 (12bit 2500μs)

float cont_min = -1570;    //-90degのラジアン x 1,000
float cont_max = 1570;    //+90degのラジアン x 1,000
int SrvAng[12] = {307, 307, 307, 307, 307, 307, 307, 307,
307, 307 307, 307};     //90deg
```

ホームポジション

```
float TARGET_JOINT_POSITIONS[12] = {0.0, 0.0, 0.0, 0.0,
0.0, 0.0, 0.0, 0.0, 0.0, 0.0, 0.0, 0.0};
```

トリミング

```
float TRIM[12] = {0.03, -0.05, -0.03, 0.07, 0.12, -0.12,
0.03, -0.07, -0.16, -0.03, 0.1, 0.0};

int target_angle[12];
//指定角度の変数
```

「void setup()」内で、

```
Wire.begin(19, 22);    //SDAはG19 SCLはG22でI2Cの開始

  pwm.begin();     //PCA9685の初期設定 (PCA9685)
  pwm.setPWMFreq(50);    //PWMを50Hzで開始
```

サーボに角度を「PCA9685」経由で送信する関数。

```
void servo_set()
{
  for (int i = 0; i <= 11; i++) {
    target_angle[i] = 1000 * (TARGET_JOINT_POSITIONS[i] +
TRIM[i]);
    //ROSからサブスクライブした角度データにトリム値を加算
    SrvAng[i] = map(target_angle[i], cont_min, cont_max,
SERVOMIN, SERVOMAX);
                //-1.57〜1.57radの角度をパルス幅(102〜512)に変換
    pwm.setPWM(i, 0, SrvAng[i]);
//PWMのセット
  }
}
```

■「超音波センサ」による距離計測

「HC-SR04」で、前方の物体までの距離を計測します。

```
#define echo 33    // Echo Pinの定義
#define trig 23    // Trig Pinの定義
double Duration = 0;    //受信パルス幅の変数
double Distance = 0;    //距離の変数
```

「void setup()」内で、

```
  pinMode(echo,INPUT);    //echoピンをインプットに設定
  pinMode(trig,OUTPUT);   //trigerピンをアウトプットに設定
```

「IMU_Distance_get()」内で、

```
    digitalWrite(trig,HIGH);     //超音波を出力
    delayMicroseconds(10);       //10μsパルスを出す
    digitalWrite(trig,LOW);      //超音波を停止
    Duration = pulseIn(echo,HIGH); //センサからパルス間隔を取得
    if (Duration > 0) {
      Distance = Duration/5.77;  // パルス間隔から距離を計算 mm
      if (Distance > 500)
      {
        Distance = 500;     //500mm以上は500とする
      }
    }
```

■「IMU」による角度検出

「MPU6886」で「pitch」「roll」「yaw」を計測します。

```
float roll, pitch, yaw; //roll, pitch, yaw軸回転角度の変数定義
#define IMU_AFS M5.IMU.AFS_2G
    // Ascale [g]の定義  (±2,4,8,16)
#define IMU_GFS M5.IMU.GFS_250DPS
    // Gscale [deg/s]の定義  ±250,500,1000,200)
```

IMU計測値を最初のデータ100カウント平均値から補正するための変数。

```
int roll_initial, pitch_initial, yaw_initial;
int initial_count = 100;
```

「IMU」と「超音波距離センサ計測」を並列処理で計測する関数。

```
void IMU_Distance_get(void *pvParameters)  {
  while(1){
    M5.IMU.getAhrsData(&pitch, &roll, &yaw);    //IMUで姿勢
角度を計測
```

最初の100カウントの平均で補正。

```
    pitch = pitch - pitch_initial;
    roll = roll - roll_initial;
    yaw = yaw - yaw_initial;
```

距離計測(前述)。

```
    digitalWrite(trig,HIGH);
    delayMicroseconds(10);
    digitalWrite(trig,LOW);
    Duration = pulseIn(echo,HIGH);

    if (Duration > 0) {
      Distance = Duration/5.77;
      if (Distance > 500)
      {
        Distance = 500;
      }
    }

IMU_Distance_dataにpitch, roll, yaw, Distanceを格納

    IMU_Distance_data.data[0] = int(pitch);
    IMU_Distance_data.data[1] = int(roll);
    IMU_Distance_data.data[2] = int(yaw);
    IMU_Distance_data.data[3] = int(Distance);
```

「IMU_Distance_data」をパブリッシュ。

```
    IMU_Distance_chatter.publish( &IMU_Distance_data );
    delay(200);
```

```
  }
}
```

IMU計測値の最初100カウントの平均値を初期値とする関数。

```
void angle_init()
{

  initail_count 分だけ捨てる

  for (int j = 1; j < initial_count; j++) {
    M5.IMU.getAhrsData(&pitch, &roll, &yaw);
    delay(10);
  }
```

「initail_count」分だけ初期値として、平均値を求める。

```
  for (int i = 1; i <= initial_count; i++) {
    M5.IMU.getAhrsData(&pitch, &roll, &yaw);
    pitch_initial += pitch;
    roll_initial += roll;
    yaw_initial += yaw;
    delay(10);
  }
  pitch_initial /= initial_count;
  roll_initial /= initial_count;
  yaw_initial /= initial_count;
}
```

「void setup()」内で、パブリッシュ用の変数「IMU_Distance_data」を「std_msgs::Int32MultiArray」として定義。

```
std_msgs::Int32MultiArray IMU_Distance_data;

  IMU_Distance_data.data_length = 4;
  IMU_Distance_data.data = (int32_t *)malloc(sizeof(int32_t)
* 3);
```

「IMU」の初期化。

```
  M5.IMU.Init();
  M5.IMU.SetGyroFsr(IMU_GFS);
  M5.IMU.SetAccelFsr(IMU_AFS);
```

```
  angle_init();
//角度の初期化
```

「IMU_Distance_get」を並列処理として2つ目のコア(番号は1)で開始。

```
xTaskCreatePinnedToCore(IMU_Distance_get, "IMU_Distance_
get", 4096, NULL, 5, NULL, 1);
```

■「センサ・データ」のパブリッシュ

「MPU6886」と「HC-SR04」で計測したデータを「ROS」の世界にパブリッシュします。

```
ros::Publisher IMU_Distance_chatter("IMU_Distance_data",
&IMU_Distance_data);
```

「void setup()」内で、「IMU_Distance_chatter」をパブリッシュ用として設定。

```
  nh.advertise(IMU_Distance_chatter);
```

■「ROS」からの各関節指令角のサブスクライブ

後述する、「ROS」上に流れている12個の関節角度の指令値のトピックをサブスクライブして、「PCA9685」に送ります。

「JointState」をサブススクライブしたら「servo_cb」をコールバックする。

```
ros::Subscriber<sensor_msgs::JointState> sub("joint_
states", servo_cb);

void servo_cb(const sensor_msgs::JointState& msg) {
  TARGET_JOINT_POSITIONS[0] = msg.position[0];
      //左前の1番目関節
  TARGET_JOINT_POSITIONS[1] = msg.position[1];
       //左前の2番目関節
  TARGET_JOINT_POSITIONS[2] = msg.position[2];
      //左前の3番目関節
  TARGET_JOINT_POSITIONS[3] = msg.position[3];
      //左後の1番目関節
  TARGET_JOINT_POSITIONS[4] = msg.position[4];
      //左後の2番目関節
```

```
  TARGET_JOINT_POSITIONS[5] = msg.position[5];
      //左後の3番目関節
  TARGET_JOINT_POSITIONS[6] = msg.position[6];
        //右前の1番目関節
  TARGET_JOINT_POSITIONS[7] = -msg.position[7];
    //右前の2番目関節
  TARGET_JOINT_POSITIONS[8] = -msg.position[8];
      //右前の3番目関節
  TARGET_JOINT_POSITIONS[9] = msg.position[9];
       //右後の1番目関節
  TARGET_JOINT_POSITIONS[10] = -msg.position[10];
  //右後の2番目関節
  TARGET_JOINT_POSITIONS[11] = -msg.position[11];
  //右後の3番目関節

  servo_set();
}
```

「void setup()」内で、

```
  nh.initNode();
  nh.subscribe(sub);
```

メインループ

```
void loop()
{
  nh.spinOnce();
  delay(1);
}
```

■Wii ヌンチャクコントローラ用「M5Atom」のスケッチ

今回は、説明は省略します。
実際のスケッチ内を参照してください。

「M5Atom」を「Wi-Fi」接続して、I2C で接続した Wii ヌンチャクのデータを「Rosserial」でパブリッシュするスケッチとなっています。
ファイル名：s6_12axis_controller.ino

■ROSのコード

●controllers.yaml

「ros control」のための設定ファイルです。
今回は「type」として「effort_controllers/JointTrajectoryController」を設定。

```
joint_state_controller:
  type: joint_state_controller/JointStateController
  publish_rate: 2
```

各脚ごとにコントローラを設定。

左前	leg_lf_controller
左後	leg_lr_controller
右前	leg_rf_controller
右後	leg_rr_controller

```
leg_lf_controller:              //左前
  type: effort_controllers/JointTrajectoryController
  joints:
    - joint_LF_1
    - joint_LF_2
    - joint_LF_3
  gains:
    joint_LF_1 : {p: 10.0, i: 0.0, d: 0.01}
    joint_LF_2 : {p: 10.0, i: 0.0, d: 0.01}
    joint_LF_3 : {p: 10.0, i: 0.0, d: 0.01}
```

左後、右前、右後についても同様にする。

●launchファイル

ファイル名：s6_12axis_all.launch

```
<?xml version="1.0" ?>
<launch>
```

URDFのパスを指定。

```
  <param name="robot_description" textfile="$(find
s6_12axis)/urdf/s6_12axis.urdf" />
  <include file="$(find gazebo_ros)/launch/empty_world.
launch" />
  <node name="spawn_urdf" pkg="gazebo_ros" type="spawn_
model" args="-param robot_description -urdf -model
s6_12axis" />
```

「Controllerd.yaml」のパスを指定

```
  <rosparam file="$(find s6_12axis)/controllers.yaml"
command="load"/>
```

「ros_controller」の起動

```
   <node name="controller_spawner" pkg="controller_manager"
type="spawner" args="
    joint_state_controller

    leg_lf_controller
    leg_lr_controller
    leg_rf_controller
    leg_rr_controller"/>
  <node name="robot_state_publisher" pkg="robot_state_
publisher" type="robot_state_publisher"/>
```

ロボット本体側とのrosserial接続を起動(ポートは「11411」)。

```
  <node pkg="rosserial_python" type="serial_node.py"
name="serial_node1" args="tcp 11411">
    <param name="port" value="tcp"/>
  </node>
```

「Wiiヌンチャクコントローラ」側との「Rosserial」接続を起動(ポートは「11412」)。

```
  <node pkg="rosserial_python" type="serial_node.py"
name="serial_node2" args="tcp 11412">
    <param name="port" value="tcp"/>
  </node>
</launch>
```

■URDF

「URDF」の考え方は、基本的に**補章**の3軸マニピュレータと同じです。

```
Body  左前
  ├─Leg_Upper_LF
  │    └─Leg_Mid_LF
  │  左後    └─Leg_bottom_LF  ─Rubber_LF
  ├─Leg_Upper_LR
  │    └─Leg_Mid_LR
  │  右前    └─Leg_bottom_LR  ─Rubber_LR
  ├─Leg_Upper_RF
  │    └─Leg_Mid_RF
  │  右後    └─Leg_bottom_RF  ─Rubber_RF
  └─Leg_Upper_RR
       └─Leg_Mid_RR
            └─Leg_bottom_RR  ─Rubber_RR
```

Body
Leg_Upper_LF
Leg_Mid_LF
Leg_bottom_LF
Rubber_LF

図5-13-2　四足歩行ロボットの「URDF」

「collision」は簡略化した形状としています。

図5-13-3　collisionモデル

●「s6_12axis.urdf」抜粋

特に、「トランスミッション」の設定を**補章**から変更しています。

今回、「hardwareInterface」を「hardware_interface/EffortJointInterface」としています。

「トランスミッション」の例

```
    <transmission name="trans_joint_LF_1">
        <type>transmission_interface/SimpleTransmission</
type>
        <joint name="joint_LF_1">
            <hardwareInterface>hardware_interface/
EffortJointInterface</hardwareInterface>
        </joint>
        <actuator name="joint_LF_1_motor">
            <hardwareInterface>hardware_interface/
EffortJointInterface</hardwareInterface>
            <mechanicalReduction>1</mechanicalReduction>
        </actuator>
    </transmission>
```

＊

今回、四脚歩行ロボットを「gazebo」でシミュレーションするにあたっては、おそらく重量が軽いせいで滑って流れてしまう現象が起きました。

こういうときは、足先の「Rubber」の設定を加えることで解消できる場合があります。

これは試行錯誤を繰り返して値を決めました。

あくまでも今回のロボットの例として参考にしてください。

```
    <gazebo reference="Rubber_LF">
        <material>Gazebo/Black</material>
        <kp>1e9</kp>        //剛体面の接触剛性(つまり弾性)の設定
        <kd>100</kd>        //剛体面の摩擦減衰(つまり粘性)の設定
        <mu1>1.0</mu1>  //摩擦係数mu1の設定
        <mu2>1.0</mu2>  //摩擦係数mu2の設定
        <fdir1>1 0 0</fdir1>      //mu1の方向
        <maxVel>1.0</maxVel>
    //最大値コンタクト補正速度の最大値トラクション
        <minDepth>0.001</minDepth>
    //コンタクト補正インパルスが発生する前の深さの最小値
    </gazebo>
```

```
ros_control部分

    <gazebo>
        <plugin name="gazebo_ros_control"
filename="libgazebo_ros_control.so">
            <robotNamespace>/</robotNamespace>
            <robotSimType>gazebo_ros_control/
DefaultRobotHWSim</robotSimType>
            <legacyModeNS>true</legacyModeNS>
        </plugin>

        <plugin name="joint_state_publisher"
filename="libgazebo_ros_joint_state_publisher.so">
            <robotNamespace>/</robotNamespace>
            <jointName>joint_LF_1, joint_LF_2, joint_LF_3,
joint_LR_1, joint_LR_2, joint_LR_3, joint_RF_1, joint_RF_2,
joint_RF_3, joint_RR_1, joint_RR_2, joint_RR_3</jointName>
        </plugin>
    </gazebo>
```

5-14 モーション作成

各動作(姿勢制御、歩行モーション)におけるロボット中心からの脚先の位置を計算します。

■姿勢制御モーションの作成

ロボット本体から1番目の「関節回転中心」の4点を通る平面上で、2番目の「関節回転中心」の前後の等距離にロボットの中心を設定したと仮定して、「脚先4点」(長方形)の基本位置を**図**のようにXYZ座標で決めます。

この4点の座標をXYZ軸の「回転行列」で回転させれば、姿勢を変えた場合の座標が計算できます。

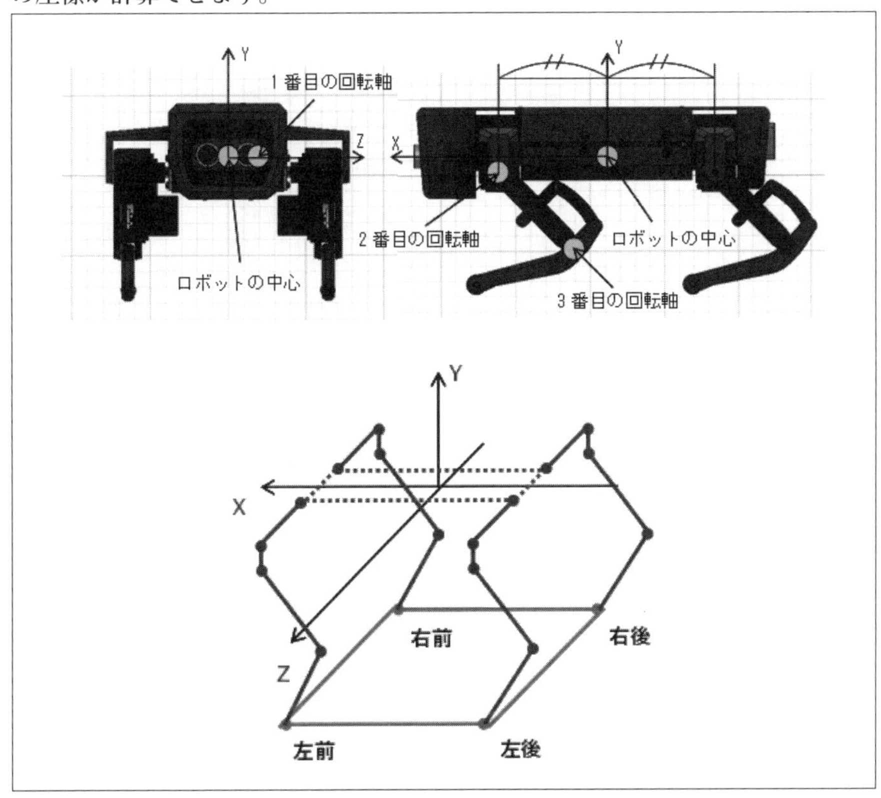

図5-14-1 「脚先4点」の「基本位置」を座標で決める

たとえば、頭を左右に振る場合は「Y軸回り」に回転させれば計算できます。
また頭を上下に振りたければ「Z軸回り」、頭を傾げるようにしたければ「X軸回り」に回転させれば計算できます。

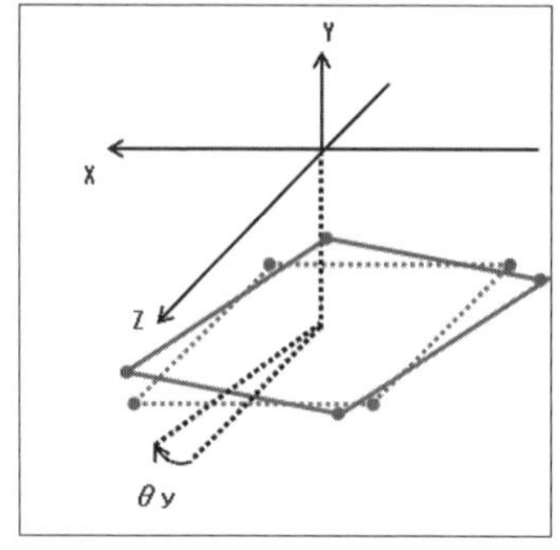

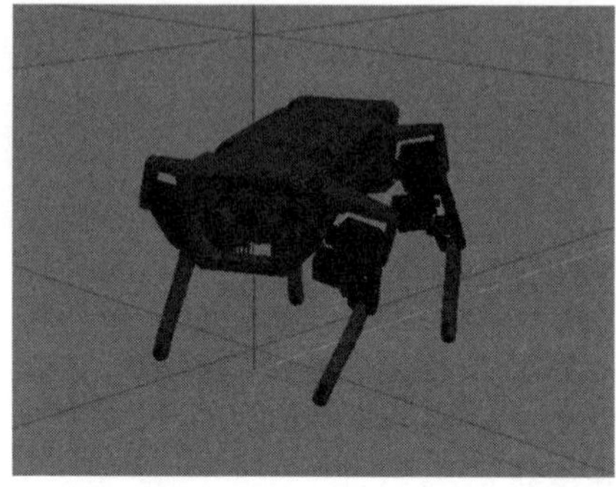

図5-14-2 頭を左右に振る

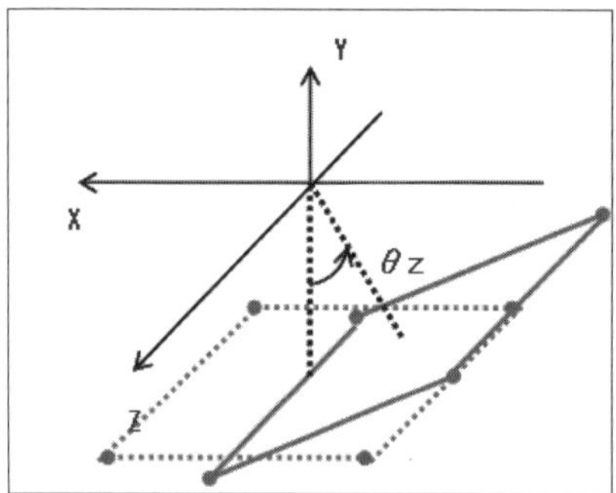

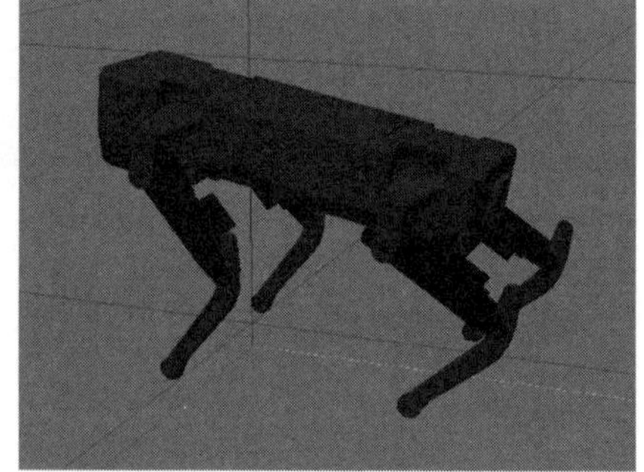

図5-14-3 頭を上下に振る

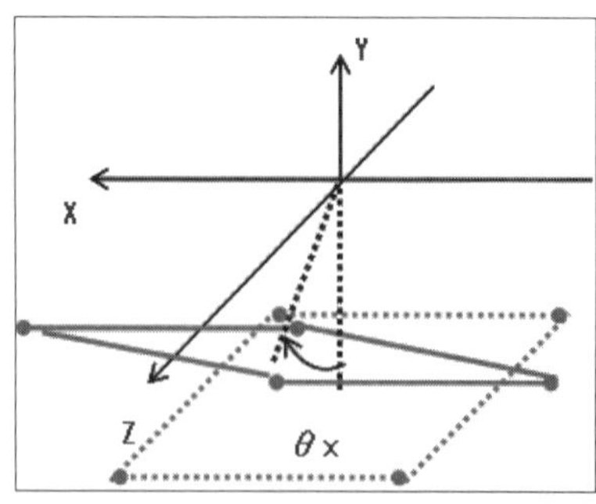

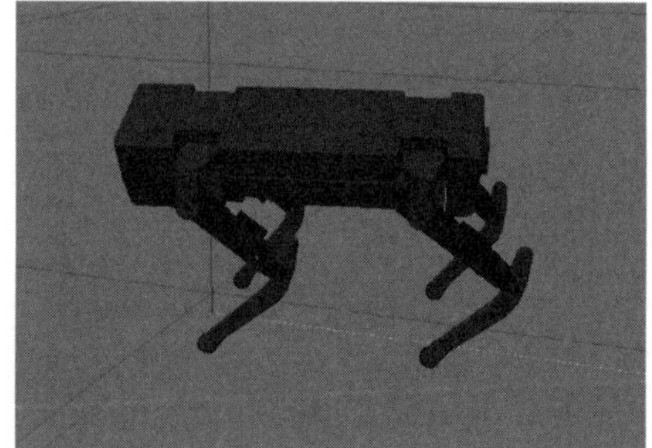

図5-14-4 頭を左右に傾げる

X軸回りの回転行列 $Rx = \begin{pmatrix} 1 & 0 & 0 \\ 0 & \cos\theta x & -\sin\theta x \\ 0 & \sin\theta x & \cos\theta x \end{pmatrix}$

Y軸回りの回転行列 $Ry = \begin{pmatrix} \cos\theta y & 0 & \sin\theta y \\ 0 & 1 & 0 \\ -\sin\theta y & 0 & \cos\theta y \end{pmatrix}$

Z軸回りの回転行列 $Rz = \begin{pmatrix} \cos\theta y & -\sin\theta y & 0 \\ \sin\theta y & \cos\theta y & 0 \\ 0 & 0 & 1 \end{pmatrix}$

$$\begin{pmatrix} X' \\ Y' \\ Z' \end{pmatrix} = Rx \cdot Ry \cdot Rz \begin{pmatrix} X \\ Y \\ Z \end{pmatrix}$$

図5-14-5　姿勢を変えた場合の座標の計算

《備考》

回転行列は「オイラー角」による計算となります。

この場合、「ジンバル・ロック」と呼ばれる、計算できない現象が起きます。

これは「クォータニオン」を使った計算で回避可能です。

しかし、筆者も含めて初心者には理解しにくい部分もあるので、今回はイメージしやすい「オイラー角」による計算としています。

■「歩行モーション」の作成

「姿勢制御」の場合は4つの脚先を同時に考えました。

「歩行」の場合は対角の脚を一組として考えます。

たとえば、左前脚と右後脚を地面に付けたまま、右前脚と左後脚の座標をY軸方向に上げれば、2本の脚で立っている状態になります。

この状態から右前脚と左後脚の座標をX軸前方に移動させつつ、左前脚と右後脚の座標をX軸後方に移動させ、最後に右前脚と左後脚の座標を接地させるようにY軸方向に下げれば、一歩踏み出すことができます。

これを繰り返せば歩行が可能です。

ただし、ゆっくり歩かせようとすると、バランスを保ちながら歩行する必要があります。

今回は簡単にするために、高速で歩行させて倒れる前に脚を前に出すような動きとなっています。

＊

後方に歩かせたい場合は逆の動き（X軸を先ほどと反対に動かす）にすればよく、左右にの場合はZ軸方向に座標をスライドさせればOKです。

さらに複合も可能です。

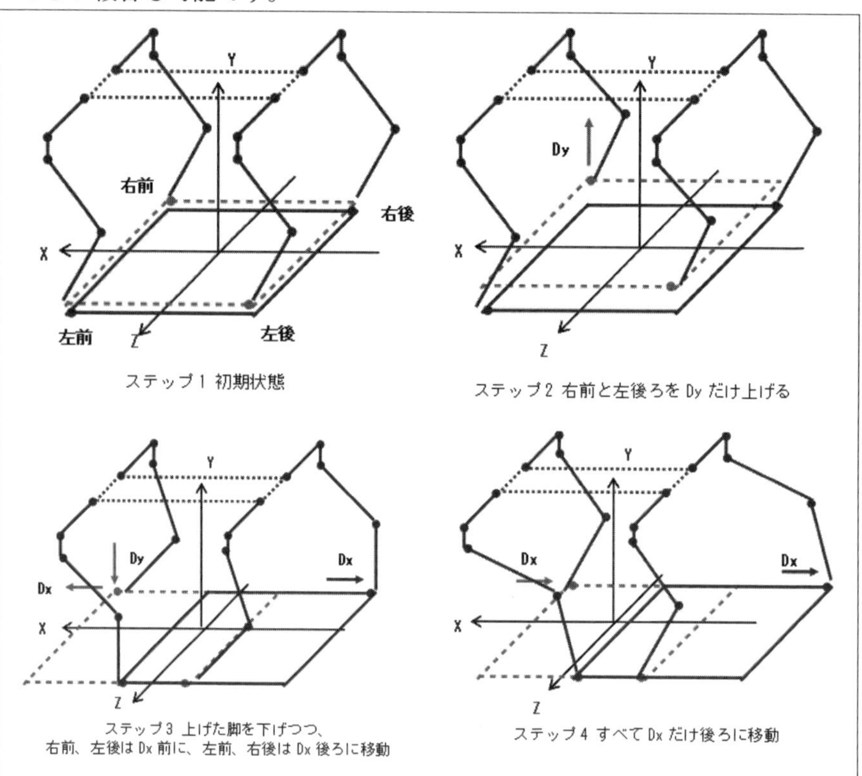

ステップ1 初期状態

ステップ2 右前と左後ろをDyだけ上げる

ステップ3 上げた脚を下げつつ、
右前、左後はDx前に、左前、右後はDx後ろに移動

ステップ4 すべてDxだけ後ろに移動

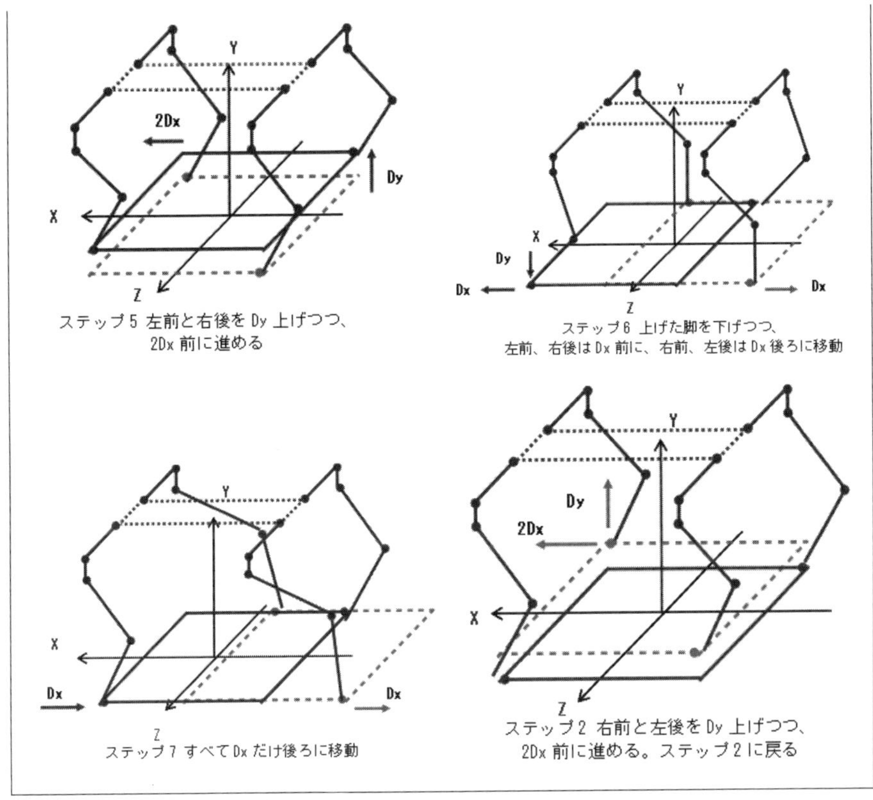

図5-14-6　前進のモーション

さらに、姿勢制御で行なったように「Z軸回転」を加えれば「左右回転歩行」が可能になります。

■逆運動学による関節角度計算

モーション作成によって脚先の位置が決まったら、「**逆運動学**」(Inverse Kinematics)で各関節角度を求めます。

補章では「MoveIt」を使いましたが、1脚3軸程度なら「三角関数」で解くことができます。

※下記の座標方向はモーション作成時の方向と異なっています(あとで調整します)。

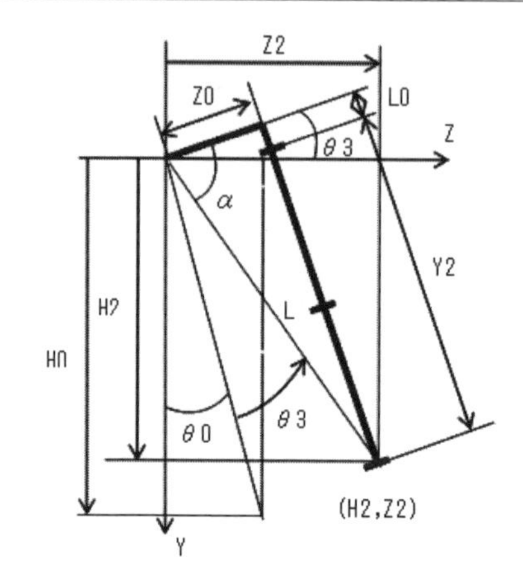

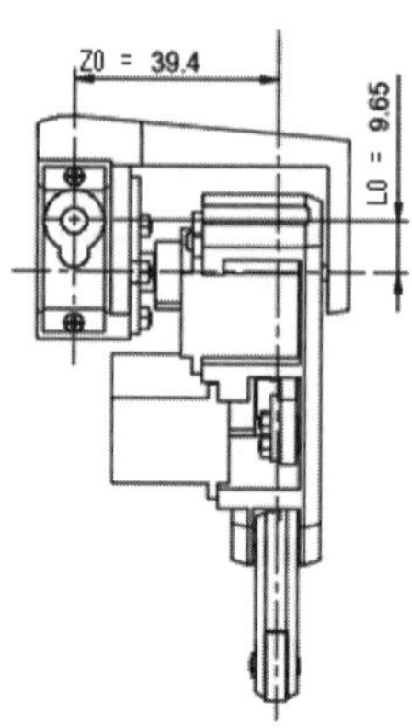

$$\alpha = \theta 0 + \theta 3 = \tan^{-1}\frac{Z2}{H2} \qquad L = \frac{H2}{\cos\ \alpha} \qquad Y2 = Z0\ \tan(\cos^{-1}\frac{Z0}{L}) - L0$$

$$\theta 0 = \tan^{-1}\frac{Z0}{H0} = \tan^{-1}\frac{Z0}{Y2 + L0} \qquad \theta 3 = \alpha - \theta 0$$

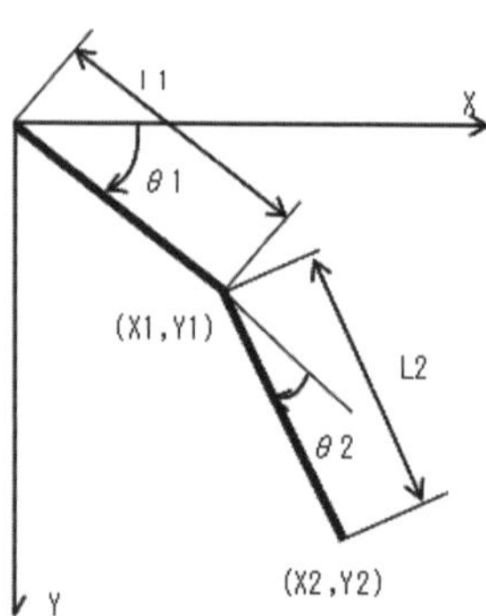

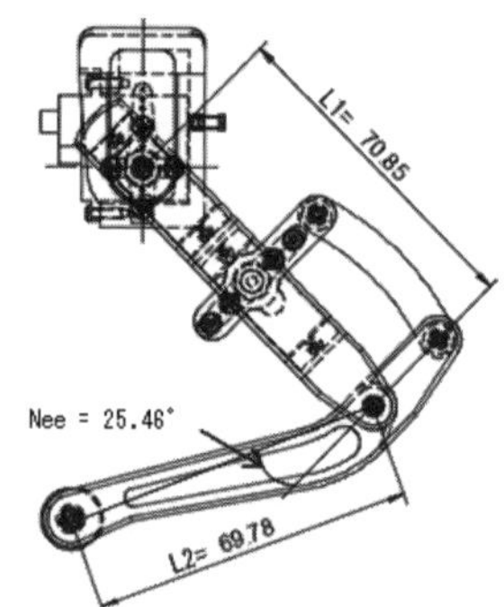

$$\theta 1' = \theta 1 \frac{3}{4}\pi \qquad \theta 2' = \theta 2 + \frac{90° + Nee}{180°}\pi$$

図5-14-7　三角関数で「関節角度」を求める

座標の方向や実際のサーボの取り付け角度に合わせるために、以下のように調整します。

■Pythonスクリプト

これまでの「モーション生成」と「逆運動学計算」はPC側の「Pythonスクリプト」で計算されています。
ファイル名：s6_12axis.py

以下のスクリプトは、説明のために順序の変更や省略を行なっています。
詳細は実際のスクリプトを参照してください。

```
#!/usr/bin/env python
import rospy       #rosでpythonを使うライブラリ読み込み
import numpy as np      #行列を扱うためにnumpyをnpとして読み込み
import math     #三角関数を扱うためmathライブラリ読み込み
from std_msgs.msg import Int32MultiArray
                                  #トピックの送受信用に
Int32MultiArrayを読み込み
from trajectory_msgs.msg import JointTrajectory,
JointTrajectoryPoint
            #角度データをトピックで送信するためにJointTrajectoryPoint
を読み込み
pi = math.pi      #πの定義
```

●各部寸法の入力

```
L1 = 71
L2 = 70
Z0 = 39.4
L0 = 9.7
Nee = 25.46
H0 = 110        #初期の高さ
Zc = 25          #1番目の関節間距離
Xp = 72.75             #2番目の関節間距離の半分
```

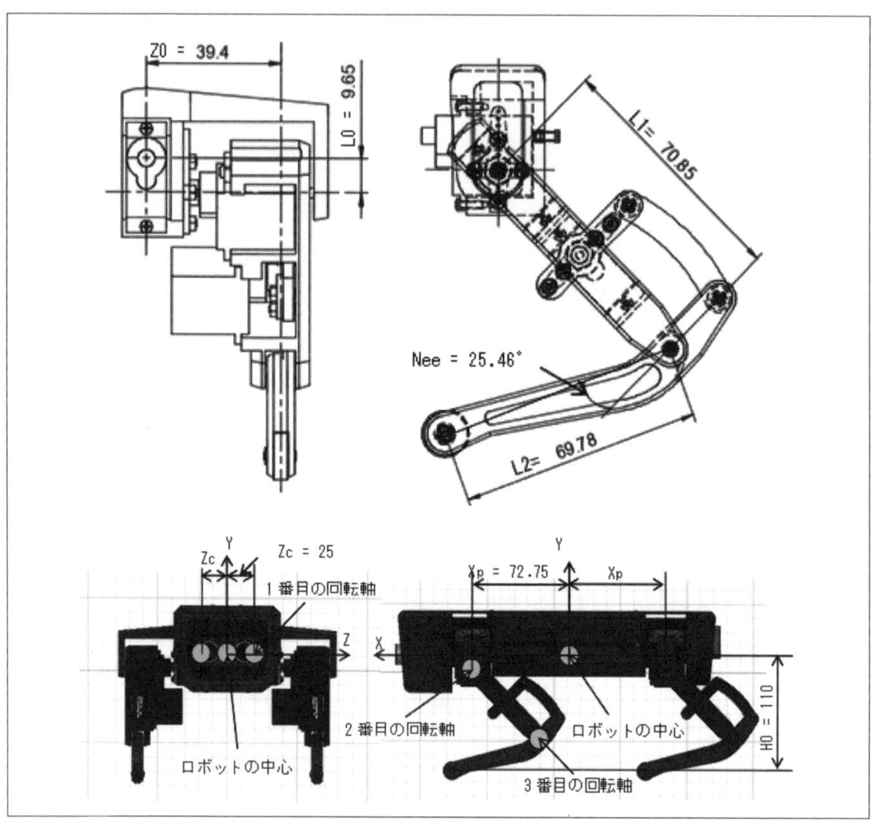

図5-14-8 各部の寸法

```
angXX0 = 0.0 ;  angZZ0 = 0.0    # X軸、Y軸回転角度代入用パラメータ
angXX = 0.0 ; angYY = 0.0 ; angZZ = 0.0  # X軸回転角度、Y軸回転角度、Z軸回転角度
div_angXX = 0.0 ; div_angZZ = 0.0 # X軸、Y軸回転角度差分計算用パラメータ
shiftXX0 = 0.0    # X軸重心調整用パラメータ
shiftXX = 0.0 ; shiftYY = 0.0 ; shiftZZ = 0.0  #歩行X、Z方向と高さY方向のパラメータ
fup = 25.0    #脚上げ高さ

flag_w_s = False    #Walk/Stayボタンのフラグ
flag_m = False                          #Modeボタンのフラグ
```

表5-14-1　各ボタンの名称と機能

ボタンNo.	ボタン名	機　能
0	Walk/Stay	歩行モードとステイモードの切り替え
1	Mode	歩行モード：並行移動モードかターン歩行モードの切り替え ステイモード：重心移動モードか姿勢回転モードの切り替え
2	Direction	ジョイスティック 左右方向
3	Direction	ジョイスティック 上下方向

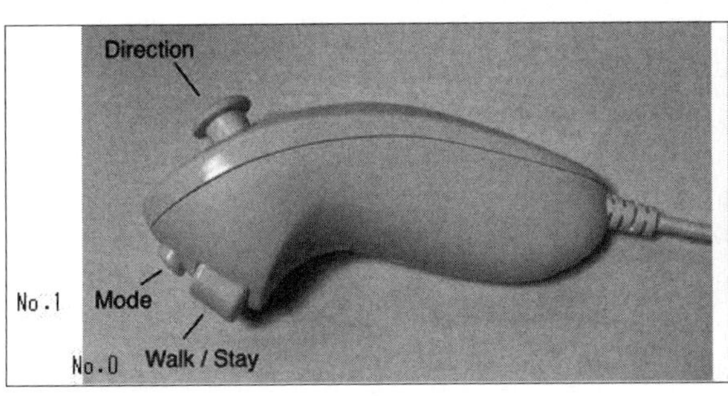

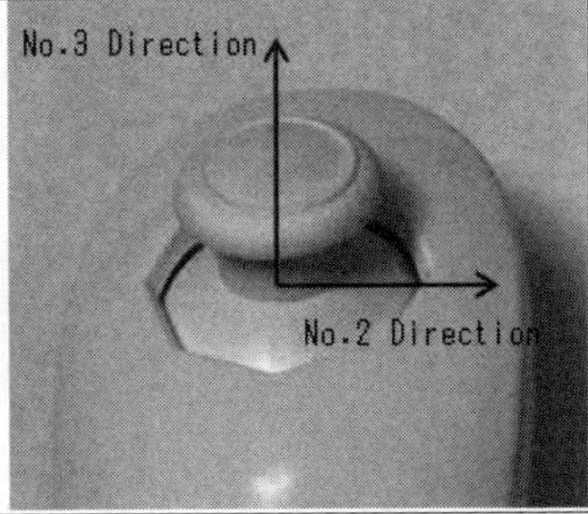

図5-14-9　コントローラ上のボタン配置

```
cnt_w_s = 0                          #Walk/Stayボタンの回数カウント
cnt_m = 0                                #Modeボタンの回数カウント
Ts = 0.05                                      #歩行時の制御周期設定
Ts_h = 0.3                                   #ステイ時の制御周期設定
```

●脚先の初期座標(ホームポジション、ロボット姿勢水平維持用)

```
FtCoLF0 = np.array([-Xp + shiftXX0, H0, Z0 + Zc])       # 左前
FtCoLR0 = np.array([Xp + shiftXX0, H0, Z0 + Zc])        # 左後
FtCoRF0 = np.array([-Xp + shiftXX0, H0, -(Z0 + Zc)])    # 右前
FtCoRR0 = np.array([Xp + shiftXX0, H0, -(Z0 + Zc)])     # 右後

mlist0_h = [-(FtCoLF0[0]+Xp), FtCoLF0[1], FtCoLF0[2]-Zc, \
             -(FtCoLR0[0]-Xp), FtCoLR0[1], FtCoLR0[2]-Zc, \
          -(FtCoRF0[0]+Xp), FtCoRF0[1], -(FtCoRF0[2]+Zc), \
             (FtCoRR0[0]-Xp), FtCoRR0[1], -(FtCoRR0[2]+Zc)]
```

●「Wii ヌンチャクコントローラ」が操作されたときにコールバックする関数

```
def callback(wii_joy):
                                    if wii_joy.data[0] == 1:
 if cnt_w_s == 3:          #ボタン押下が3回されたらフラグを反転
            flag_w_s = not flag_w_s
#ボタンNo.0を押された場合にflag_w_sを反転
            cnt_w_s = 0
        else:
            cnt_w_s += 1

    if wii_joy.data[1] == 1:
        if cnt_m == 3:
            flag_m = not flag_m  #ボタンNo.1を押された場合に
flag_mを反転
            cnt_m = 0
        else:
            cnt_m += 1

    if flag_w_s == False:   #flag_w_sがFalseの時にステイモード
        if flag_m == False:  #flag_mがFalseの時に姿勢回転モード
            angYY = float(wii_joy.data[2])
      #ジョイスティック左右で頭を左右に振る
            angZZ = -float(wii_joy.data[3])
     #ジョイスティック上下で頭を上下に振る
            div_angZZ = angZZ - angZZ0
        if flag_m == True:
          #flag_mがTrueの時に姿勢並行移動モード
            shiftXX0 = shiftXX0 + float(wii_joy.data[3])/5
           #ジョイスティック上下で前後重心移動
            if shiftXX0 >= 10:
                shiftXX0 = 10
            if shiftXX0 <= -10:
                shiftXX0 = -10
            shiftYY = shiftYY + float(wii_joy.data[2])/5
     #ジョイスティック左右で上下重心移動
            if shiftYY >= 20:
                shiftYY = 20
            if shiftYY <= -20:
                shiftYY = -20
```

```
    if flag_w_s == True:        #flag_w_sがTrueの時に歩行モード
        if flag_m == False    :#flag_mがFalseの時にターン歩行モード
            shiftXX = -float(wii_joy.data[3])
            angYY = -float(wii_joy.data[2])/5
        if flag_m == True:
             #flag_mがTrueの時に並行移動モード
            shiftXX = -float(wii_joy.data[3])
            shiftZZ = -float(wii_joy.data[2])/2
```

●IMUデータを受信したときのコールバック関数(ロボットの姿勢を水平維持するように計算)

```
def callback_imu(IMU_data):

    if flag_w_s == False:
        angXX0 = -IMU_data.data[0]
        angZZ0 = -IMU_data.data[1]
        div_angXX = angXX - angXX0
        div_angZZ = angZZ - angZZ0
```

●座標回転関数

```
def transform(FtCo, angleXYZ):
  RotX = np.array([[1, 0, 0],\
                   [0, math.cos(angleXYZ[0]), -math.
sin(angleXYZ[0])], \
                   [0, math.sin(angleXYZ[0]), math.
cos(angleXYZ[0])]])
  RotY = np.array([[math.cos(angleXYZ[1]), 0, math.
sin(angleXYZ[1])], \
                   [0, 1, 0], \
                   [-math.sin(angleXYZ[1]), 0, math.
cos(angleXYZ[1])]])
  RotZ = np.array([[math.cos(angleXYZ[2]), -math.
sin(angleXYZ[2]), 0], \
                   [math.sin(angleXYZ[2]), math.
cos(angleXYZ[2]), 0], \
```

```
                [0, 0, 1]])

  return np.dot(RotX,np.dot(RotY,np.dot(RotZ, FtCo)))
```

●逆運動学角度計算関数

```
def inverse_kinematic(X2, H2, Z2):
    Alfa = math.atan2(Z2, H2)
    L = H2/math.cos(Alfa)
    Y2 = Z0 * math.tan(math.acos(Z0/L)) - L0
    Theta30 = math.atan2(Z0, Y2+L0)
    Theta3 = Alfa - Theta30

    Theta1 = math.acos((X2**2 + Y2**2 + L1**2 - L2**2)/(2 *
L1 * math.sqrt(X2**2 + Y2**2))) \
+ math.atan2(Y2, X2)
    Theta2 = math.atan2(Y2 - L1 * math.sin(Theta1), X2 - L1
* math.cos(Theta1)) - Theta1

    Theta1_2 = Theta1 - pi*3/4
    Theta2_2 = Theta2 + (90 + Nee)/180*pi

    return Theta3, Theta1_2, Theta2_2
```

●「歩行ステップ」および「回転」を計算して各関節角度をパブリッシュする関数

```
def talker(shiftX, shiftY, shiftZ, angX, angY, angZ):
    global mlist0_h, shiftXX0, fup, flag_w_s
    shift = np.array([shiftX, 0, shiftZ])
       #歩行方向用のパラメータ
    shift0 = np.array([shiftXX0, 0, 0])
      # X方向初期調整用パラメータ
    euler = np.array([angX, angY, angZ]) / 180 * pi
        # X軸回転角, Y軸回転角 , Z軸回転角
```

初期座標

```
   FtCoLF0 = np.array([-Xp + shiftXX0, H0 + shiftY, Z0 +
Zc]) # 左前
   FtCoLR0 = np.array([Xp + shiftXX0, H0 + shiftY, Z0 +
Zc]) # 左後
   FtCoRF0 = np.array([-Xp + shiftXX0, H0 + shiftY, -(Z0 +
Zc)])  # 右前
   FtCoRR0 = np.array([Xp + shiftXX0, H0 + shiftY, -(Z0 +
Zc)])   # 右後
```

「歩行ステップ1」の座標計算(初期座標から回転行列で回転させつつ、並行移動)

```
    FtCoLFtf0 = transform(FtCoLF0, euler) + shift + shift0
# 左前
    FtCoLRtf0 = transform(FtCoLR0, euler) + shift + shift0
# 左後
    FtCoRFtf0 = transform(FtCoRF0, euler) + shift + shift0
# 右前
    FtCoRRtf0 = transform(FtCoRR0, euler) + shift + shift0
# 右後
```

「歩行ステップ2」の座標計算(「歩行ステップ1」と反対方向への回転と移動)

```
    FtCoLFtf1 = transform(FtCoLF0, -euler) - shift + shift0
# 左前
    FtCoLRtf1 = transform(FtCoLR0, -euler) - shift + shift0
# 左後
    FtCoRFtf1 = transform(FtCoRF0, -euler) - shift + shift0
# 右前
    FtCoRRtf1 = transform(FtCoRR0, -euler) - shift + shift0
# 右後
```

「歩行ステップ3」の座標計算(「歩行ステップ1」と反対方向への回転と移動x2倍)

```
    FtCoLFtf2 = transform(FtCoLF0, -2*euler) - 2*shift +
shift0          # 左前
    FtCoLRtf2 = transform(FtCoLR0, -2*euler) - 2*shift +
shift0          # 左後
    FtCoRFtf2 = transform(FtCoRF0, -2*euler) - 2*shift +
shift0          # 右前
    FtCoRRtf2 = transform(FtCoRR0, -2*euler) - 2*shift +
shift0          # 右後
```

●「歩行マトリックス」への代入

```
    mlist0 = [-(FtCoLF0[0]+Xp), FtCoLF0[1], FtCoLF0[2]-Zc,
\  #ステップ1
    -(FtCoLR0[0]-Xp), FtCoLR0[1], FtCoLR0[2]-Zc, \
    -(FtCoRF0[0]+Xp), FtCoRF0[1], -(FtCoRF0[2]+Zc), \
    -(FtCoRR0[0]-Xp), FtCoRR0[1], -(FtCoRR0[2]+Zc)]

    mlist1 = [-(FtCoLF0[0]+Xp), FtCoLF0[1], FtCoLF0[2]-Zc,
\  #ステップ2
    -(FtCoLR0[0]-Xp), FtCoLR0[1] - fup, FtCoLR0[2]-Zc, \
    -(FtCoRF0[0]+Xp), FtCoRF0[1] - fup, -(FtCoRF0[2]+Zc), \
    -(FtCoRR0[0]-Xp), FtCoRR0[1], -(FtCoRR0[2]+Zc)]

    mlist2 = [-(FtCoLFtf1[0]+Xp), FtCoLRtf1[1],
FtCoLFtf1[2]-Zc, \     #ステップ3
    -(FtCoLRtf0[0]-Xp), FtCoLRtf0[1], FtCoLRtf0[2]-Zc, \
    -(FtCoRFtf0[0]+Xp), FtCoRFtf0[1], -(FtCoRFtf0[2]+Zc), \
    -(FtCoRRtf1[0]-Xp), FtCoRRtf1[1], -(FtCoRRtf1[2]+Zc)]

    mlist3 = [-(FtCoLFtf2[0]+Xp), FtCoLRtf2[1],
FtCoLFtf2[2]-Zc, \      #ステップ4
    -(FtCoLR0[0]-Xp), FtCoLR0[1], FtCoLR0[2]-Zc, \
    -(FtCoRF0[0]+Xp), FtCoRF0[1], -(FtCoRF0[2]+Zc), \
    -(FtCoRRtf2[0]-Xp), FtCoRRtf2[1], -(FtCoRRtf2[2]+Zc)]

    mlist4 = [-(FtCoLF0[0]+Xp), FtCoLF0[1] - fup,
FtCoLF0[2]-Zc, \       #ステップ5
    -(FtCoLR0[0]-Xp), FtCoLR0[1], FtCoLR0[2]-Zc, \
    -(FtCoRF0[0]+Xp), FtCoRF0[1], -(FtCoRF0[2]+Zc), \
    -(FtCoRR0[0]-Xp), FtCoRR0[1] - fup, -(FtCoRR0[2]+Zc)]

    mlist5 = [-(FtCoLFtf0[0]+Xp), FtCoLRtf0[1],
FtCoLFtf0[2]-Zc, \      #ステップ6
    -(FtCoLRtf1[0]-Xp), FtCoLRtf1[1], FtCoLRtf1[2]-Zc, \
    -(FtCoRFtf1[0]+Xp), FtCoRFtf1[1], -(FtCoRFtf1[2]+Zc), \
    -(FtCoRRtf0[0]-Xp), FtCoRRtf0[1], -(FtCoRRtf0[2]+Zc)]

    mlist6 = [-(FtCoLF0[0]+Xp), FtCoLF0[1], FtCoLF0[2]-Zc,
\            #ステップ7
```

```
    -(FtCoLRtf2[0]-Xp), FtCoLR0[1], FtCoLRtf2[2]-Zc, \
    -(FtCoRFtf2[0]+Xp), FtCoRF0[1], -(FtCoRFtf2[2]+Zc), \
    -(FtCoRR0[0]-Xp), FtCoRR0[1], -(FtCoRR0[2]+Zc)]

    mlist1_h = [-(FtCoLFtf0[0]+Xp), FtCoLFtf0[1],
FtCoLFtf0[2]-Zc, \    #水平維持用
    -(FtCoLRtf0[0]-Xp), FtCoLRtf0[1], FtCoLRtf0[2]-Zc, \
    -(FtCoRFtf0[0]+Xp), FtCoRFtf0[1], -(FtCoRFtf0[2]+Zc), \
    -(FtCoRRtf0[0]-Xp), FtCoRRtf0[1], -(FtCoRRtf0[2]+Zc)]
```

●歩行モーション用マトリックス

```
    mlist = [[mlist0[0], mlist0[1], mlist0[2], mlist0[3],
mlist0[4], mlist0[5], mlist0[6], mlist0[7], mlist0[8],
mlist0[9], mlist0[10], mlist0[11]],[mlist1[0], mlist1[1],
mlist1[2], mlist1[3], mlist1[4], mlist1[5], mlist1[6],
mlist1[7], mlist1[8], mlist1[9], mlist1[10],
mlist1[11]],[mlist2[0], mlist2[1], mlist2[2], mlist2[3],
mlist2[4], mlist2[5], mlist2[6], mlist2[7], mlist2[8],
mlist2[9], mlist2[10], mlist2[11]],[mlist3[0], mlist3[1],
mlist3[2], mlist3[3], mlist3[4], mlist3[5], mlist3[6],
mlist3[7], mlist3[8], mlist3[9], mlist3[10],
mlist3[11]],[mlist4[0], mlist4[1], mlist4[2], mlist4[3],
mlist4[4], mlist4[5], mlist4[6], mlist4[7], mlist4[8],
mlist4[9], mlist4[10], mlist4[11]],[mlist5[0], mlist5[1],
mlist5[2], mlist5[3], mlist5[4], mlist5[5], mlist5[6],
mlist5[7], mlist5[8], mlist5[9], mlist5[10],
mlist5[11]],[mlist6[0], mlist6[1], mlist6[2], mlist6[3],
mlist6[4], mlist6[5], mlist6[6], mlist6[7], mlist6[8],
mlist6[9], mlist6[10], mlist6[11]],[mlist1[0], mlist1[1],
mlist1[2], mlist1[3], mlist1[4], mlist1[5], mlist1[6],
mlist1[7], mlist1[8], mlist1[9], mlist1[10],
mlist1[11]],[mlist2[0], mlist2[1], mlist2[2], mlist2[3],
mlist2[4], mlist2[5], mlist2[6], mlist2[7], mlist2[8],
mlist2[9], mlist2[10], mlist2[11]],[mlist3[0], mlist3[1],
mlist3[2], mlist3[3], mlist3[4], mlist3[5], mlist3[6],
mlist3[7], mlist3[8], mlist3[9], mlist3[10],
mlist3[11]],[mlist4[0], mlist4[1], mlist4[2], mlist4[3],
mlist4[4], mlist4[5], mlist4[6], mlist4[7], mlist4[8],
mlist4[9], mlist4[10], mlist4[11]],[mlist5[0], mlist5[1],
```

```
mlist5[2], mlist5[3], mlist5[4], mlist5[5], mlist5[6],
mlist5[7], mlist5[8], mlist5[9], mlist5[10],
mlist5[11]],[mlist6[0], mlist6[1], mlist6[2], mlist6[3],
mlist6[4], mlist6[5], mlist6[6], mlist6[7], mlist6[8],
mlist6[9], mlist6[10], mlist6[11]],[mlist1[0], mlist1[1],
mlist1[2], mlist1[3], mlist1[4], mlist1[5], mlist1[6],
mlist1[7], mlist1[8], mlist1[9], mlist1[10],
mlist1[11]],[mlist0[0], mlist0[1], mlist0[2], mlist0[3],
mlist0[4], mlist0[5], mlist0[6], mlist0[7], mlist0[8],
mlist0[9], mlist0[10], mlist0[11]]]
```

●姿勢水平維持用のマトリックス

```
    mlist_h = [[mlist0_h[0], mlist0_h[1], mlist0_h[2],
mlist0_h[3], mlist0_h[4], mlist0_h[5],\ mlist0_h[6],
mlist0_h[7], mlist0_h[8], mlist0_h[9], mlist0_h[10],
mlist0_h[11]],[mlist1_h[0], mlist1_h[1], mlist1_h[2],
mlist1_h[3], mlist1_h[4], mlist1_h[5],\mlist1_h[6], mlist1_
h[7], mlist1_h[8], mlist1_h[9], mlist1_h[10], mlist1_
h[11]]]
    mlist0_h = mlist1_h
```

●パブリッシュする「ノード」と「トピック」の定義

```
    rospy.init_node('nx15a_angle_control', anonymous=True)
    pub_lf = rospy.Publisher('/leg_lf_controller/command',
JointTrajectory, queue_size=10)
    pub_lr = rospy.Publisher('/leg_lr_controller/command',
JointTrajectory, queue_size=10)
    pub_rf = rospy.Publisher('/leg_rf_controller/command',
JointTrajectory, queue_size=10)
    pub_rr = rospy.Publisher('/leg_rr_controller/command',
JointTrajectory, queue_size=10)
    rospy.sleep(0.2)

    msg_lf = JointTrajectory()
    msg_lr = JointTrajectory()
    msg_rf = JointTrajectory()
    msg_rr = JointTrajectory()
```

```
    msg_lf.header.stamp = rospy.Time.now()
    msg_lr.header.stamp = rospy.Time.now()
    msg_rf.header.stamp = rospy.Time.now()
    msg_rr.header.stamp = rospy.Time.now()
    msg_lf.joint_names = [ "joint_LF_1", "joint_LF_2",
"joint_LF_3" ]
    msg_lr.joint_names = [ "joint_LR_1", "joint_LR_2",
"joint_LR_3" ]
    msg_rf.joint_names = [ "joint_RF_1", "joint_RF_2",
"joint_RF_3" ]
    msg_rr.joint_names = [ "joint_RR_1", "joint_RR_2",
"joint_RR_3" ]
```

●各角度データの「トピック」への代入

```
    if flag_w_s == True:      //歩行モード
        msg_lf.points = [JointTrajectoryPoint() for i in
range(15)]   //左前

左後、右前、右後は中略

        for i in range(0, 15):     //左前
            return_lf = inverse_kinematic(mlist[i][0],
mlist[i][1], mlist[i][2])
            msg_lf.points[i].positions = [-return_lf[0],
return_lf[1], return_lf[2]]
            msg_lf.points[i].time_from_start = rospy.
Time(Ts*i)

      左後、右前、右後は中略

    if flag_w_s == False:    //ステイモード
        msg_lf.points = [JointTrajectoryPoint() for i in
range(2)]     //左前

      左後、右前、右後は中略

        for i in range(0, 2):     //左前
            return_lf = inverse_kinematic(mlist_h[i][0],
mlist_h[i][1], mlist_h[i][2])
```

```
            msg_lf.points[i].positions = [-return_lf[0],
return_lf[1], return_lf[2]]
            msg_lf.points[i].time_from_start = rospy.
Time(Ts_h*i)

      左後、右前、右後は中略
```

●各角度のパブリッシュ

```
    pub_lf.publish(msg_lf)
    pub_lr.publish(msg_lr)
    pub_rf.publish(msg_rf)
    pub_rr.publish(msg_rr)
    rospy.sleep(0.1)
```

●メインループ

```
if __name__ == '__main__':
    rospy.Subscriber("Wii_joystick",Int32MultiArray,callba
ck)
                   #Wiiヌンチャクコントローラデータのサブスクライブ
    rospy.Subscriber("IMU_data",Int32MultiArray,callback_
imu)
    #IMUデータのサブスクライブ
    while True:
        try:
            talker(shiftXX, shiftYY, shiftZZ, div_angXX,
angYY, div_angZZ)
    #角度送信関数の呼び出し
        except rospy.ROSInterruptException: pass
```

■起動テスト

ロボットと「Wiiヌンチャクコントローラ」のスイッチを入れて、それぞれの「M5Atom」を起動します。

さらにPC側で「launchファイル」を起動します。

```
# roslaunch s6_12axis s6_12axis_all.launch
```

別のターミナルでPythonスクリプトも実行します。

```
# cd ~/robotakao_ws/src/s6_12axis/scripts
```

実行権限を付けます。

```
# chmod 777 s6_12axis.py
```

スクリプトを実行。

```
# ./s6_12axis.py
```

*

これで「gazebo」が立ち上がり、「Wiiヌンチャクコントローラ」を操作すれば動き出すはずです。

図5-14-10 「Gazebo」によるシミュレーション

動画も以下で見ることができます。

・水平維持
4脚ロボットでIMUをテスト。ROS、gazebo、M5Atom
https://youtu.be/ZCKXVAAym88
・歩行
ROS Moveit → gazebo と 3軸ロボット実機 練習【備忘録】
https://youtu.be/ZJUzBs7Ipzw

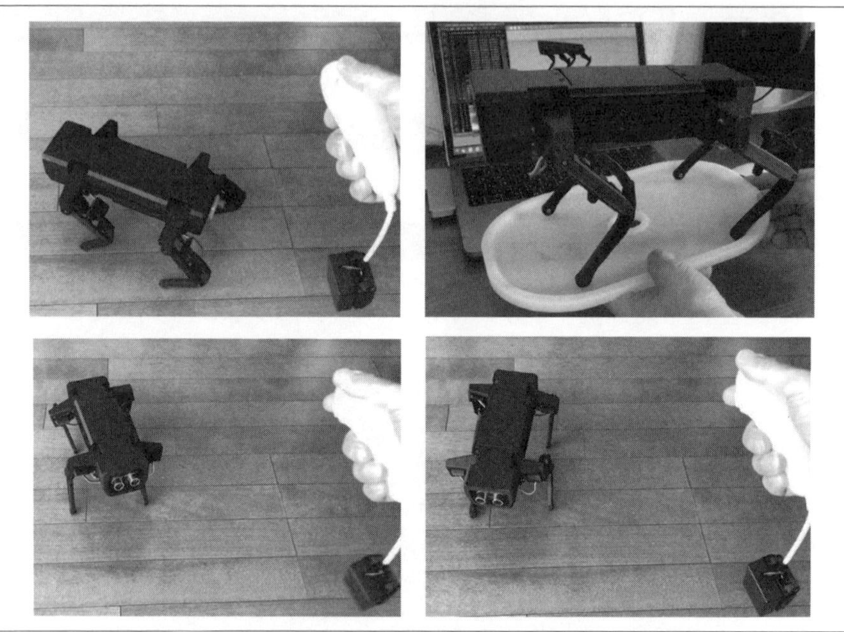

図5-14-11　歩行モード(左上)、姿勢水平維持(右上)、姿勢回転モード(左下および右下)

5-15 「M5Camera」でストリーミング

今回、ロボットの頭部には「M5Camera」を搭載して、Wi-Fiでストリーミングするようにしました。

図5-15-1　M5Camera

ロボット本体とは完全にシステムは切り離されており、「電源ライン」のみ接続しています。

■M5Camera用のスケッチ

「Arduino IDE」で「スケッチ例→ESP32→Camera→CameraWebServer」を選択します。

＊

「camera_pins.h」は少し変更が必要です。

```
#elif defined(CAMERA_MODEL_M5STACK_PSRAM)
```

の中で以下を書き換え、

```
#define SIOD_GPIO_NUM 22
//25から変更
#define VSYNC_GPIO_NUM 25
//22から変更
```

「CameraWebServer.ino」の中で、

```
//#define CAMERA_MODEL_WROVER_KIT      コメントアウト
#define CAMERA_MODEL_M5STACK_PSRAM    //コメントアウトを外す
```

```
const char* ssid = "*********";     //自分の環境のWi-Fiのsaid
const char* password = "*********";
     //自分の環境のWi-Fiのパスワード
```

と書き換えます。

これで、このスケッチを書き込みます。

書き込みが完了し、「M5Camera」をリセットして「シリアルモニタ」で確認すると、接続先のIPアドレスが分かります。

■ブラウザで確認

先ほど調べたIPアドレスに接続すると、ストリーミングされた画像がブラウザに表示されるはずです。

図5-15-2 「M5Camera」で撮影した画像がブラウザに表示される

＊

動画も以下で見ることができます。

4脚ロボットにM5cameraつけた https://youtu.be/b2Zh0_c6RgI

5-16 簡易障害物回避

頭部に付けた「超音波距離センサ」を用いて、簡易的な「障害物回避」を行ないます。

前に記載したように、ロボット側の「M5Atom」からは常に前方障害物までの距離がパブリッシュされているので、PC側のPythonスクリプト内で距離データを処理します。

ファイル名：s6_12axis_obs_avoid.py

以下は、説明のために順序の変更や省略を行なっています。
詳細は実際のスクリプトを参照ください

大部分は「nx15a_walk_ik_wii_imu.py」と同じです。
異なるところだけ説明します。

＊

```
Distance = 0.0
//距離計測値変数
Dis_array = [0.0, 0.0, 0.0, 0.0, 0.0, 0.0, 0.0, 0.0, 0.0,
0.0, 0.0, 0.0, 0.0, 0.0, 0.0, 0.0, 0.0]

//計測結果の格納用
```

Wii ヌンチャクコントローラが操作された時にコールバックする関数

```
def callback(wii_joy):

    if flag_w_s == True:     #flag_w_sがTrueの時に歩行モード
        if Distance >= 180.0:
   #障害物までの距離が180mm以上の時は前方に進む
            shiftXX = -5.0
            angYY = 0.0

        if Distance < 180.0:
        #障害物までの距離が180mm未満の時は頭を振って距離計測
            flag_w_s = False
            for i in range(17):
                angYY = float(i*2-16)
                talker(shiftXX, shiftYY, shiftZZ, angXX,
```

```
angYY, angZZ)
                    Dis_array[i] = Distance
                    rospy.sleep(0.1)
                angYY = 0.0
                talker(shiftXX, shiftYY, shiftZZ, angXX, angYY,
angZZ)
                flag_w_s = True
                Distance_L = 0
                Distance_R = 0

                for k in range(6):
                #左右の障害物までの距離を比較して遠い方を選択してターン
                    Distance_L += Dis_array[k]
                    Distance_R += Dis_array[11 + k]
                if Distance_L > Distance_R:
                    angYY = 5.0
                else:
                    angYY = -5.0
                talker(shiftXX, shiftYY, shiftZZ, angXX, angYY, angZZ)
                rospy.sleep(0.8)
                angYY = 0.0
```

IMUと距離計測値をサブスクライブしたときのコールバック関数

```
def callback_imu(IMU_Distance_data):
    global angXX, angYY, angXX0, angZZ0, div_angXX, div_
angZZ, Distance
    #print("IMU_Distance" ,IMU_Distance_data.data[0], IMU_
Distance_data.data[1], \
IMU_Distance_data.data[2], IMU_Distance_data.data[3])

    if flag_w_s == False:
        angXX0 = -IMU_Distance_data.data[0]
        angZZ0 = -IMU_Distance_data.data[1]
        div_angXX = angXX - angXX0
        div_angZZ = angZZ - angZZ0

    Distance = IMU_Distance_data.data[3]
```

■起動テスト

ロボットと「Wiiヌンチャクコントローラのスイッチ」を入れてそれぞれの「M5Atom」を起動します。

さらに、PC側で「launchファイル」を起動します。

```
# roslaunch s6_12axis s6_12axis_all.launch
```

別のターミナルでPythonスクリプトも実行します。

```
# cd ~/robotakao_ws/src/s6_12axis/scripts
# ./s6_12axis_obs_avoid.py
```

■動作確認

前方に障害物を見つけたら避ける動作が出来ました。

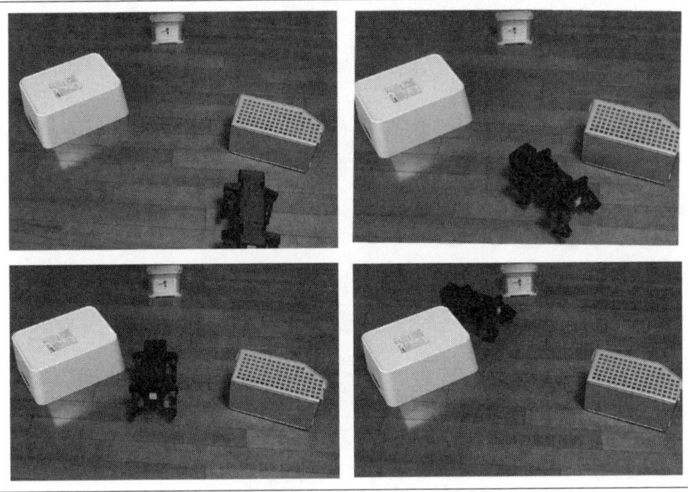

図5-16-1　障害物回避の様子

動画も以下で見ることができます。

M5Atomで作る四脚ロボット 超音波距離センサを動かして障害物回避その2
https://youtu.be/f-nNpSJh85Y

＊

今回の歩行はあくまで作例であり、安定な歩行とは言えないでしょう。

いろいろ改善して、安定した歩行ができるように試行錯誤してみてください。

終わりに

本書では、「M5Atom」を利用した基本的なサーボの使い方から、「3Dプリンタ」での部品の製作、そして「ROS」の適用を通じて、「ホビーロボット」の製作事例を紹介してきました。

ロボット製作は、趣味のレベルでも、さまざまな項目を理解する必要があり、日々勉強が必要な分野です。

逆に言えば、いつまでも続けられる良い趣味になり得ると思います。

今回紹介したものは、そのような「ホビーロボット」のごく一部の分野であり、もっと最良の手法があると思います。

読んでいただいた方々が、より良い手法や興味深いロボットを「M5Atom」で作っていただければ幸いです。

最後まで読んでいただき、本当にありがとうございました。

索 引

数字・記号順

アルファベット順

《A》

《B》

《C》

《D》

《E》

《F》

《G》

《H》

《I》

《L》

《M》

五十音順

■著者略歴

Robo Takao

慶應義塾大学理工学研究科修士課程修了。
2007年頃から趣味でロボットを作り始める。
2017年から「なるべく簡単ロボット製作サイト」を立ち上げ。
2019年からM5Stackを使ってロボット製作を始める。
2021年に「M5Stack Japan Creativity Contest 2021」で2位を受賞

「なるべく簡単ロボット製作サイト」http://robotakao.jp
「blog」http://blog.robotakao.jp
「twitter」@robotakao
「Instagram」@robotakao

本書の内容に関するご質問は、
①返信用の切手を同封した手紙
②往復はがき
③FAX (03) 5269-6031
（返信先のFAX番号を明記してください）
④E-mail　editors@kohgakusha.co.jp
のいずれかで、工学社編集部あてにお願いします。
なお、電話によるお問い合わせはご遠慮ください。

サポートページは下記にあります。

［工学社サイト］
http://www.kohgakusha.co.jp/

I/O BOOKS

M5Atomで作る歩行ロボット

2022年3月30日　初版発行　©2022

著　者　Robo Takao
発行人　星　正明
発行所　株式会社工学社
〒160-0004 東京都新宿区四谷 4-28-20 2F
電話　(03) 5269-2041（代）［営業］
　　　(03) 5269-6041（代）［編集］
振替口座　00150-6-22510

※定価はカバーに表示してあります。

印刷：（株）エーヴィスシステムズ　ISBN978-4-7775-2188-3